suncolor
三采文化

雙贏談判

哈佛商學院最受歡迎的談判權威，
教你向歷史學談判，化不可能為可能！

Negotiating the Impossible

How to Break Deadlocks and Resolve Ugly Conflicts (without Money or Muscle)

狄帕克・馬侯特拉 Deepak Malhotra——著　閻蕙群——譯　陳翠蘭——審

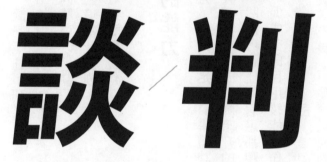

目錄

CONTENTS

Part 2 達成共識的關鍵

Part 3 破解僵局的手法

好評推薦

「談判其實是日常生活的一部分，無論是跟另一半溝通是否要參加一些活動，或是困在爭取一個價值數百萬元的交易，這些對話都是談判的一部分。我本身就喜愛閱讀談判相關的書籍，直到張安薇女士被南菲律賓恐怖分子綁架時，親身參與整個營救之後，我發現自己對於高風險談判危機的理解並不完整。馬侯特拉博士探討的原理及觀念，特別是關於『框架』的概念，我真希望當時就能多了解一點，特別是他所提出國際政治疆界層級的談判，對當時所面對的問題，是非常有幫助的，甚至運用到我每天面臨的商場談判也是一樣。」

——黑熊貓國際安全公司執行長、前美國陸軍特種部隊綠扁帽指揮官　余靖

「馬侯特拉這本書相當有操作性。框架的運用是當前最熱門的談判技巧，化不可能為可能，更是談判者躍躍欲試的挑戰。只要你有棘手的問題想要透過談判解決，這本書

的思路都可能刺激想法，助你找到答案。」

——東吳大學政治系教授　劉必榮

「本書內容恰如書名所宣示，完成了雙贏的談判。作者借鏡歷史上赫赫有名的棘手談判，為日常生活中的談判場景提供了實用的範例，包括在束手無策的情況下，也能派上用場的三種談判法寶，本書堪稱是所有談判者必備的至尊寶典。」

——《未來在等待的銷售人才》（*To Sell Is Human*）

作者　丹尼爾．品克（Daniel H. Pink）

「本書堪稱我讀過的最佳談判書，如果你必須參與重要的談判，肯定能從本書借鏡到許多切實可行的做法，並對你的未來產生正面的影響。」

——創投專家暨創投公司 Benchmark 一般合夥人

比爾．葛利（Bill Gurley）

「作者廣徵博引歷史案例，證明即便是最嚴重的衝突也能靠談判解決。本書不但是用來處理棘手談判的必備工具，且極具啟發性。」

——CNN資深政治分析家、哈佛甘迺迪政府學院政治領導中心共同主任，
曾歷任四位美國總統的顧問　大衛・葛根（David Gergen）

「本書提供了大量的實用原則，以及內容引人入勝的真實案例，肯定是歷來最實用且最好看的談判書！」

——《哈佛這樣教談判力》（*Getting to Yes*）
共同作者　威廉・尤瑞（William Ury）

「作者是談判與外交圈內極少數擁有談判實務經驗的學者，曾親自上陣或在幕後擘畫當代幾個最困難的談判。作者能見人之所未見，而且全都寫在本書裡。」

——英國與北愛爾蘭談判首席代表、《與恐怖分子談判》（*Talking to Terrorists*）
作者　強納森・鮑爾（Jonathan Powell）

「如果你遇上了一個看似不可能談成的交易，一定要閱讀本書，就能得到最棒的意

見。本書中多得是能夠立即派上用場的高明策略，能妥善處理公務或解決私事；這是一本充滿趣味且發人深省的書，令人愛不釋手。」

——泰拉美容集團執行長、《美國超模大賽》創作者　泰拉・班克斯（Tyra Banks）

「真希望能召集全世界的領導人齊聚一堂閱讀本書。作者對於如何透過談判獲致最佳結果所做的分析極具啟發性，對於參與難民問題、敘利亞和平或是歐債危機的當代談判者之缺失亦直言不諱。所有從事政治與公共事務的人都一定要閱讀本書。」

——牛津大學布拉瓦尼克政府學院創院院長

奈奧莉・伍茲（Ngaire Woods）

推薦序

情報無所不用，談判無往不利

——日本愛貝克思音樂集團顧問、前國安局駐法代表　李天鐸

一個看似枯燥乏味的「談判」，如何變得精采動人？如何藉由一場看似「不可能達成的任務」，透過談判，峰迴路轉？這不是古老傳說，也不是現代商業傳奇，而是在我們生活周遭，在職場、國家、家庭、身邊，隨時隨地，都會遇到棘手問題的解密寶典。

本書作者狄帕克·馬侯特拉，是美國哈佛商學院最受歡迎的「談判權威」教授，他從歷史、外交、最硬的國際戰爭案例、藏有鉅大商業利益的職業運動員談判，以及軟到不行的流行文化、版權、片酬，在各項千奇百怪參與的經驗中，狄帕克掌握住最關鍵的重點「人性」，按照人性中的「所需」、「所求」、「需求」面上，去剖解問題。

狄帕克從前述的經驗中，綜合出應付棘手談判的三大法寶：框架、程序、同理心。

如果你有過情報概念或是懂得把蒐情當成前置功課，你當會知道，所有的問題都應該從細微處著手，用同理心設想對方可能的思考模式，設計一個合理的程序導入談判中。

「框架」是什麼呢？透過我的專業和經驗來說，框架就是前置的情報蒐集，了解談判對手的一切背景，對於可能被挑戰、提出的問題，做沙盤推演、敵情分析、研判、演練，再用同理心和程序，誘導對手參與，進入解決問題皆大歡喜的結局中。

如果要說現今商場上的談判，我會說真正的雙贏是懂得把消費者算入談判中。不僅僅是考慮只有雙方的利益，消費者才是其中牽涉最多的。尤其在資訊透明的時代，好的談判是要讓出：面對媒體、聽眾、閱、（視）聽大眾，有著各自表述的空間，那才是最美麗的。

這本書必須透過你的閱讀、融會，它會帶給每個職場人，公務機關的主管、長官，包括父母都會有意想不到的收穫，而且處處閃亮著智慧。

推薦序

談判是一場穿山越嶺、步步為營的過程

——遠東銀行董事 吳均龐

《我搬走了你的奶酪》（*I Moved Your Cheese*）這本《華爾街日報》推崇備至，已經全球翻譯暢銷多年的執筆者，印裔美籍哈佛商學院的大師——狄帕克．馬侯特拉，再度重砲轟出這本人人必讀的談判經典之作：《雙贏談判》！

本書採用的英文書名：*Negotiating the Impossible* 和它的副標：*How to break deadlocks and resolve ugly conflicts (without money or muscle)*，就不難知道這是一本擲地有聲，兼具談判技巧手冊的實用性，也闡敘談判哲理和歷史上經典著名案例。

我先是被作者決定用 negotiating 這個動名詞來冠成書名的第一字，感到震撼，讀完整本書後，更深受感動！貫穿整本書，作者深入淺出地把談判的過程界定為三個面向：

框架、程序和同理心。簡單又直白，反覆又不冗長地在每一面向的章節，循循善誘總結出置身於談判過程中的人，要常駐於心的戒惕。

看似容易簡單的一個談判議題，往往在雙方掉以輕心，未做好充分準備和演練，而陷入你來我往，無交集的爭吵深淵。拉丁字源的 negotiating，最初就是用在形容穿山越嶺的過程，也就是遇山跨越，逢谷涉溪，要步步為營，戒慎恐懼地向前邁進。我們現在比較習慣就字面上看 negotiating 為一個稀鬆平常，談判的動名詞而已。但是作者冠成這本書名的第一個字，用心良苦，在在提醒讀者，談判不是走進去，坐下來，你一句，我一句的互動方式。

更難能可貴的一點，作者把同理心視為談判的三個面向中最關鍵的一個面向；也就是說把談判對手視為一個值得尊重的人，是一個活生生有血有肉，和我們一樣有老闆要交差、有股東權益要維護、有情緒起伏的自然人。大多數的談判策略都著重在商業利益的區隔，政治寡占的比率，零和原則的界定，鮮少有人會把「設身處地」的智慧放在談判過程中，把這個同理視為是一個重大的元素，而不是一個示弱妥協的表徵。

現代的生活環境，處處存在著談判的需求，工作上、生活中、家庭內，人際間，無一例外。我們在不經意中本能反應地展現談判的技巧，久而久之習以為常，隨手拈來的遣詞用語，把既有的觀念和價值觀，一成不變地鋪陳在談判過程中，時而順遂，時而挫敗，談判的成效成為一個手氣和一個不可預知的機率。

《雙贏談判》在今天這個大數據時代橫空出世，章節明確地標示出三個互為因果的談判面向，作者就每一個面向闡敘其理論基礎，採用貼切的歷史案例，從商業、政治和經濟社會相關的角度切入，文字淺顯易讀，條理分明，是一本不容忽視，不可錯過的好書！

推薦序

擺脫零和，邁向雙贏

——B2B行銷專家　吳育宏

過去我在電子業服務時，和臺灣代工廠有許多合作機會，自然免不了價格與交易條件的各種談判。雖然代工廠是我的直接客戶，但其實最終敲定產品規格的，是他們背後的歐美原廠。因此在談判賽局裡，充滿各種微妙的關係與態勢。

某一年歐盟提高對電子產品的要求，要求上游供應商的特定零件必須採用無鹵（Halogen Free）材料。我們一方面更改產品設計，另一方面也要把增加的成本反映給我們的直接客戶：代工廠。

代工廠的採購人員聽到要漲價，立刻咄咄逼人的質問原因，且第一時間拒絕任何退讓。而我們的業務人員經驗不足，看到對方開始談判了，也急著把籌碼攤開，表明真正決定權是歐美原廠，而不是代工廠。接下來的場景你已經可以想像得到了：被激怒的採購人員提高音量、繼續施壓，話已出口的業務人員退無可退、舉步維艱。陷在僵局的兩方，要走向「雙贏」的結局當然非常困難。

這是一個很典型的例子，如果你不耐心的傾聽溝通、不用心去分析賽局，生活和工作就會充滿各種談判僵局。但是在上述情境裡，成本的分攤和吸收，還有很多不同的可能性。例如：提高材料規格後，產品可以銷售到更多區域，也應該是利多而非利空。可惜兩個急著談判的人，沒有把「局」跟「勢」看清楚，就開始爭得面紅耳赤。所謂的「零和遊戲」，事實上都是那些不願意用心，或者說不懂得怎麼用心的談判者，他們自己所創造出來的。

「局」和「勢」的分析判斷，需要結構化的思考邏輯，以及實務經驗的驗證，這兩方面的內容，在《雙贏談判》一書中都有非常精采的著墨。作者狄帕克任教於哈佛商學院，是備受推崇的談判教授。他除了有豐富的實務案例引人入勝，同時系統化地把談判技巧歸納為三大法寶：框架、程序與同理心。所以在閱讀本書的過程，不但個案的深度夠、啟發性十足，又有一個完整的架構把這些故事串聯在一起，讓讀者既可見樹，又能見林。

本書的另一大特色是取材廣泛，從職業運動的勞資協商、新創公司的合約談判、醫護人員與病患的溝通技巧，到國際間的重大協議談判等，引領我們看透一個又一個事件背後的利害關係與談判邏輯。

在這個資訊爆炸但是人們習慣淺層思考的年代，我誠摯地推薦本書，它會是協助你擺脫零和，邁向雙贏的良方。

作者序

衝突、僵局、困境……都能談判

如果你這一生還沒遇過難以化解的僵局或嚴重的衝突，那你真是世上少見的幸運兒。我們大多數人，肯定都碰到看似無法協商的談判，並且為了一些棘手的問題頭痛不已：該如何處理沒人願意讓步的尷尬場面？沒錢沒勢有可能順利談贏嗎？你想以真心誠意跟對方談判卻不能如願，該如何是好？對方咄咄逼人或蠻不講理或不肯協商，又該如何因應？遇上遲遲無法解決或愈演愈烈的衝突，該怎麼做才對？

多年來，我曾為成千上萬的商界人士提供顧問諮詢服務，也曾參與數百件非常棘手的大型談判、外交僵局與嚴重衝突。至於為了職場上或日常生活中的困境、而請我提供專業意見的人，更是多到不計其數。這些人「有志一同」提出的問題是，怎樣才能學會在看似無望的情況下，談判出令人滿意的結果？儘管坊間有許多書籍都對此主題略有著墨，但若要我推薦一本教大家如何解決棘手狀況的書，還真找不出。雖然我深信即便是最棘手的談判問題，也一定能解決，但我還未找到跟大家分享的途徑。

於是乎我決定撰寫本書，這意味著雖然我們這些研究談判學的人、已經寫了很多非常有用的專書，但可能忽略了某些一直存在的重要問題，而本書將為這些問題提供解答。

為了以更生動的方式介紹這些實用的談判課題，將透過一個又一個故事，讓大家看看沒錢沒勢的人，如何運用巧思贏得談判。本書的每一章將介紹一個主題故事，分別取材自歷史、商界、外交、體壇或流行文化。每個故事都會提供一連串的洞見與原則，我會盡量提供更多的適當案例，讓大家了解這些洞見要如何應用在其他領域。因此不論你的談判對象是老闆、配偶、策略夥伴、你家的小屁孩、潛在客戶、恐怖組織，我相信你都一定能找到最貼切的案例做為參考。

誠摯希望本書中提供的課題，能幫助各位消弭衝突、化解僵局，對付任何談判，無論是簡單、複雜、尋常、看似不可能，皆能無往不利，並獲得圓滿的成果。

前言
沒錢沒權也能做到雙贏談判

史書上記載的諸多古老和約當中，有一份由埃及與赫提特（Hittite）兩個國家簽訂的《卡代石和約》（*the Treaty of Kadesh*），是在距今約三千年前議定的。雙方為了節省軍費，以及避免與其他鄰國開戰，於是在西元前十三世紀的中期，由各自的領導人——埃及的法老王拉美斯二世，以及赫提特的國王哈圖西里三世——簽下了這份和約。不過講和可不是件簡單的事，一來其中牽涉的議題既複雜且有爭議，二來沒人願意率先行動。通常先開口倡議和平的一方會被視為弱者，而非英明睿智或寬宏大量，因此普天下的領導者都不敢輕易嘗試。但總之，這兩個國家最終締結了一份和約，而且這份和約雖然是在數千年前擬訂的，卻已具備了晚近和約中的許多重要條文，包括宣布結束衝突、遣返難民、交換俘虜，以及在對方遭受其他國家攻擊時出手相救的互助協定。[1]

該和約裡還有另一項很重要的特點，跟我們現代人在成功解決各種小至配偶爭吵、大至國際衝突之後所簽訂的協議，有著異曲同工之妙。此一特點之所以會出現在該和約中，因為它是用兩種語言記錄：古埃及的象形文與阿卡德語（Akkadian，是古代美索不達米亞地區使用的一種亞非語系閃族語言）。仔細比對這兩種版本的譯文後發現，它們的差異並不大，不過其中至少存在一項重要差異：埃及文的協議中宣稱，赫提特人是主動求和的一方，而赫提特版本的說法則完全相反。[2]

有史以來，只要是涉及兩造以上的爭端，不論是商業交易還是外交事務或是武裝衝突，只要最後問題解決了，**所有當事人都一定會對外宣稱己方是勝利者**。而且不論是哪種文化背景、哪種性質的談判，也不論發生爭議的起因與結束的理由是什麼，最後的結果都是如此。

除了上述的有趣現象，《卡代石和約》還反映出談判與媾和的另一個基本道理，而這也正是本書的重要立論基礎：

> 只要我們拋棄唯有依靠金錢或權勢才能解決問題的成見，那麼即便是看似毫無轉圜餘地的僵局和衝突，也都可以解決。

當各位遇上了看似絕望的狀況時，更要記住這個道理。當你提出的最慷慨條件被對方拒絕、當你想要解決問題的善意遭到阻撓，以及沒有足夠的力量推行一個很棒的解決方案時，你必須採取不一樣的做法，並找到能夠使得上力的工具。本書的宗旨就是要教大家該怎麼做，並逐一介紹這些好用的談判工具。

應付棘手談判的三大法寶

談判的棘手程度「因案而異」，有的簡單有的困難。造成談判極難搞定的原因，包括使不上力或選擇受限；或是衝突日益升高、僵局更加惡化，以及沒有任何一方願意退讓；再不然就是雙方都以不理性的方式行事，或是充滿敵意。這些棘手的問題往往沒有先例可茲依循，即便擁有再多的經驗，也很難提供指引。

不過正因為這些個案極其棘手，若能運用高明的策略巧妙解決，就會成為名垂青史的傳說。

本書要介紹的是這樣的談判：原本看似澈底無解的僵局與爭議，卻因某個人發現了不必動用金錢或權勢的妙法，從而順利扭轉了局勢。我們能夠從這些案例以及當事者身上學到哪些寶貴的經驗？

曾經遇過僵局或衝突的人都能作證，最難解決的棘手情況，莫過於你有協商的善意卻未能如願，以及缺少跟對方議價的必要資源或力量。人們之所以會對情勢感到絕望，並開始認為問題無解，是因為他們自認已盡力處理這些爭議，只可惜金錢或權勢皆已用盡。但如果你還有其他法寶可資運用呢？

因此本書要聚焦在大家經常會忽略、低估或處理不當的三項重要談判法寶：

- 掌握局勢的能力——框架（The Power of Framing）
- 達成共識的關鍵——程序（The Power of Process）
- 破解僵局的手法——同理心（The Power of Empathy）

在我為眾多商業人士提供諮詢以及教授談判學的過程中，曾聽過無數則竭盡全力企圖逆轉頹勢的故事；而我協助政府單位與恐怖分子談判的實務經歷中，也曾多次遇到看似無計可施的絕望狀況。還有我從觀察人們如何因應日常生活中的突發衝突時，也經常看到大家因窮於應付蠻橫的人、艱難的處境以及棘手的問題而苦惱不已。在上述種種場合裡，有時候人們會把情況搞得更糟，或是把原本就已經很棘手的問題弄到無法收拾，原因都出在他們只想到要用金錢與權勢擺平紛爭，卻忽視了「框架、程序以及同理心」的力量。

對於那些正在與來自商場、外交事務或是日常生活中棘手衝突奮戰的人，我們能在這本書與他們分享什麼洞見嗎？他們能從核子大戰一觸即發的歷史事件中，學到什麼教訓？他們能夠如何效法一個沒錢沒勢的年輕人，卻能主導了上世紀最重要的一場會議？他們能從人類史上最古老的和約獲得什麼樣的啟發？他們能從金額高得驚人的職業運動員薪資衝突中，汲取到什麼樣的談判經驗？他們能從各式各樣的大型商業糾紛中，借鏡到什麼樣的策略？

本書的主張很簡單，我們可以從那些曾經處理過「雙贏談判」的人身上學到很多東西。首先，這些取材自歷史、外交、商業、體壇以及流行文化的談判故事，其本身就饒富趣味，而且讀者將可以從古今中外一流談判者的身上學到，是如何在所處的時代裡生活打鬥與談判。其次，書中介紹的故事提供了具體的案例，可供那些正在解決衝突或僵局的人參考和應用。而且我還會提供這些原則應用在其他領域的案例，像是工作邀約、商業交易、個人關係，小自跟你的孩子講條件，大至跟恐怖分子談判，堪稱五花八門。

最後，撇開本書的組織架構不談，你會發現本書的核心內容，其實是在討論人們如何發揮智慧、使彼此能在不好過的情況下和平相處。我誠摯希望本書所提供的另一種觀點，能讓大家樂觀看待那偶爾令人感到不解、失望，甚至火大，卻又極富啟發性的東西——**人性**。

重新思考什麼是「談判」

在開始進入正題之前，我想先為本書中所謂的「談判」一詞做個明確的定義。大家對於「談判」的想法，往往過於狹隘，但我所指的卻是最廣義的「談判」。人們一聽到「談判」，常把它跟討價還價或是脣槍舌戰畫上等號，要不就是跟穿著西裝的人大槌一敲表示交易敲定聯想在一起。人們多半以為談判是偶一為之的事情，而且最好能躲就躲，但如果這樣的想法能夠改變，絕對會受益無窮。

根據我曾為高達數十億美元的交易提供諮詢所得的經驗，我可以告訴大家：談判無關乎金錢。再根據我為和平談判瀕臨破局的國家元首獻策的經驗，我可以告訴大家：談判也無關乎拯救（或失去）了多少條人命。又根據我為工作談判、家庭爭議、策略合夥、停火協議提供諮詢顧問所得到的經驗，我可以向各位保證：談判更無關乎事業前途、情緒管理、找出綜效、停止動武。

簡言之，不論是事件的背景還是涉及的議題，談判基本上其實是人際互動。不管談判的議題是簡單還是複雜，也不論當事人是善意還是惡意，更不論談判者要處理的是習以為常還是前所未見的挑戰，我們想要透過談判得到的答案永遠是：我們該怎樣與其他人往來互動，才能促進彼此的了解進而達成協議。雙方達成的協議，無論是像合約或條約一樣必須以白紙黑字寫成書面，也不論是否為了確保協議的履行，而必須重新設計相關的誘因、加強協調，或只能寄望於對方的人品與誠信；而這些了解是介於個人或組織、族群或國家之間，也都沒有差別。總而言之，談判永遠只跟一件事有關，也就是人際互動。然而有時候這樣的互動並不容易，還有的時候甚至極度困難，就像本書中提到的那些看起來似乎不可能談成的談判。

那樣的談判，是指利益或觀點不同的兩造（或更多）當事人，試圖達成共識的程序。而本書的重點，則是揭露那些能夠在極度困難的談判環境中，派上用場的原則、策略與戰術。

僵局與嚴重的衝突

本書中包含數十個背景截然不同的故事。[3] 在選擇這些案例時，焦點是放在一般人也曾在人生中遇過的問題：僵局與嚴重的衝突。僵局指的是，彼此的需求不相容且都不願退讓的情況，我們會探討的是可能危及整個交易或彼此關係的嚴重僵局，當然也包括一些情節沒那麼嚴重的案例。至於衝突則是指，彼此的觀點不同或是競爭相同的利益，若再遇上了難以克服的阻礙：例如互不信任、彼此仇視、局勢複雜或長期敵對，導致當事人很難達成協議，談判自然更加棘手。本書會以實際案例說明以上各種情況，並從中汲取教訓，以學會處理各式各樣的衝突。

本書的架構

本書中的故事與課題分為三大部分，分別探索談判的三大法寶：框架、程序與同理心。各位可視情況，選擇其中一種（或以上）法寶來解決你的難題。每項法寶皆可「獨立作業」，如果合併使用，則可以組成面面俱到的戰力，協助各位完成不可能的談判。

- 第一部聚焦於**掌握局勢的能力**：高明的談判者知道框架的重要性，就是如何鋪陳你的提案，跟你提出了什麼是一樣的重要。
- 第二部聚焦於**達成共識的關鍵**：談判程序的重要性不亞於實質議題，務必先跟對方談妥適當的程序。
- 第三部聚焦於**破解僵局的手法**：只要你能冷靜且懂得用同理心了解所有相關人士的真正利益與觀點，再嚴重的衝突也能解決。[4]

當然，並不是所有的人際互動問題都能輕鬆快速地解決，極其嚴重的衝突可能需要付出極大的努力、有謀略的堅持，以及可遇不可求的天賜良機。不過有時候則需要來點不一樣的東西：掌控框架與塑造程序的能力，以及在別人都束手無策時看到「一線生機」。

我希望各位喜歡書中介紹的故事，並從中學到能運用的課題，更希望本書能鼓勵大家，把每一個人際互動產生的問題，視為能增進彼此了解的契機，進而能夠達成更圓滿的協議。

Part 1

掌握局勢的能力

「沒錯，我的口袋裡的確有機關；我把東西藏在袖子裡。不過我跟在舞臺上表演的魔術師恰恰相反，他讓你看到的是表面為真的幻象，而我給你看到的則是，巧扮成幻象的真相。」

——《玻璃動物園》一書中男主角湯姆．溫菲爾德的一段臺詞，作者為美國劇作家田納西．威廉斯（Tennessee Williams）

第 1 章

善用框架的威力——美式足球員集體談判薪資

「你們必須提出一些新想法，並且要跟對方好好商談，不要只在那邊各說各話。」[1]

這是受命協調國家美式足球聯盟（National Football League，ＮＦＬ）勞資衝突的裁判官波伊倫（Arthur Boylan）所勸誡當事人的一段話。當時是二〇一一年五月，球團老闆已經對球員祭出封館令（lockout），雙方為了讓自己陣營占得上風，不惜對簿公堂，就是希望透過法律爭取權益。如果最終雙方沒能達成協議，即將到來的球季恐怕無法如期開打。這可不是危言聳聽，美國國家冰球聯盟（National Hockey League，ＮＨＬ）就曾在二〇〇五年因為薪資談不攏，導致整個球季「泡湯」，並且造成高達二十億美元的營收損失；ＮＦＬ的薪資如果也搞不定，損失恐怕會逼近一百億美元！

由於職業運動牽涉的金額如此驚人，因此勞資雙方在談判桌上廝殺的激烈程度，絲毫不亞於在球場上的競爭。二〇一一年又要談判新的「集體薪資協議」（collective bargaining agreement，ＣＢＡ），這是球團老闆與球員工會每幾年就會議定一輪的多年期合約，內容是規範所有球員的個別合約、球員和球團的營收分配、球員的薪資上限、最低薪資、自由球員制度、年度選秀條款，以及工作條件等。大多數的集體薪資談判爭議，都跟營收的分配比例有關，這個案例也不例外。這一回球團老闆要求，在扣除其他費用之前，要先撥發二十億美元給他們，以彌補他們的投資，球員則可以從剩餘的金額中分得五八％；當然球員不同意球團老闆直接先拿走二十億美元，並主張應將所有營收對半均分。[2]

遇到像這樣，當事人在原先的談判基礎上，又追加更多新的要求，而且雙方對此都堅不退讓時，你要如何解決這場爭議？

搞定不可能的談判

隨著衝突愈演愈烈，雙方從原本的和氣協商變成法律攻防，並各自祭出毫不留情的戰術，後來甚至鬧到要求國會介入調停。幸好最終出現轉機，雙方同意接受球團老闆提出的一種全新營收分派結構。他們決定，往後不再就應分得總營收的百分比進行談判，而是按所得來源，將營收分成三份，並分別約定每份營收的分配比例。根據雙方在二〇一一年八月四日簽訂的協議，球員將可獲得：

- 聯盟媒體營收的五五％──例如：電視轉播的權利金收入。

- 聯盟創投事業與關係企業季後營收的四五%。
- 當地營收的四〇%——例如：球場的營收。

不過這樣的安排令人非常好奇，球員究竟分到了總營收的幾成呢？經過計算後顯示，在合約的第一年，球員可以分得總營收的百分之四十七至四十八之間。且慢！如果答案真是如此，為什麼他們要大費周章地把營收分成三份，而且每一份營收的分配比例還不一樣？為什麼不乾脆省掉建置新會計系統的麻煩，直接明定球員可以分到總營收的百分之四十七點五呢？

從經濟學的觀點來看，把營收分成三份，確實要比混為一談更高明。我們不妨來試想一下，合約第一年之後的情況，假設球員預期未來媒體營收成長較快，而球團老闆則是押寶球場營收會增加，那麼新的分配法，確實是個能替雙方創造價值的好方案。這是因為球員和球團老闆都可以從他們最看好的那個營收來源，分配到較多的營收。然而這個在經濟學上言之成理的說法，卻無法解釋為什麼雙方會同意把營收分成三份；而且在進一步檢視這份新協議時會發現，有另外一項條文是這樣規定的：

在二〇一二～一四年中的任何一年，如果球員收入總額……高於「預估營收總額」的四八％，那麼球員收入總額會被調降至「預估營收總額」的四八％……如果在上述任何一個聯盟年度中，球員收入總額低於「預估營收總額」的四七％，球員收入總額就會被調高至「預估營收總額」的四七％。

換言之，雙方同意球員可分得營收總額的四七．五％，即便因某種原因使得數字偏離四七．五％，最後還是會被調整到這個範圍之內。[3]

因此我們的疑問仍舊未獲得解答，如果球員在合約存續的每一年，都會分到一定比例的總營收，那為何要多此一舉，把營收分成三份呢？首先，很少有人會真正仔細看完這類合約，而且幾乎沒有任何媒體會詳盡報導或分析這項交易的細節；其次，未來的營收分配確實有可能出現些微的變動；但最重要的，「金分三路」的營收分配法，讓各方當事人都能夠回頭向己方陣營宣稱，自己談判獲勝。換言之，新協議提供了恰到好處的空間，讓代表聯盟的談判者能夠向球團老闆交差，因為這讓他們可以從砸下重金的部分，拿回較高比例的營收（例如：球場相關收入）；而球員工會的談判代表則可以宣稱，只要球迷看電視，球員就可分得五成以上的營收。

重新設定框架讓原本提案更具吸引力

ＮＦＬ的案例讓我們看到，即便是陷入僵局的棘手談判，也不一定要動用金錢或權勢解決問題。[4]雖然雙方是為錢撕破臉，但球團並不一定要拚命砸錢，才能讓球員回心轉意。球團的做法，凸顯出了設定正確框架的威力，明明是條件大同小異的提案，只因為呈現的方式不同，就顯得更有吸引力或變得更無趣。

框架就像一片「心理鏡片」，會影響我們對於談判中的人（談判者）、事（議題）、物（現有選項）的看法。談判中可能出現數目眾多且類型各異的框架，談判者可以從財務或策略的觀點，或是從短期、長期觀點來看待一項交易，同時還能評估對方是抱持著善意或是敵意。同理可知，外交人員可以著眼於政治利益或國家安全，或是根據歷史脈絡或當前趨勢，來評估某個問題的嚴重性。想要撮合交易的人，則可根據己方的目標來評估對方的提案，或是拿它跟其他已經成交的案例做比較，又或者思考別人會如何評斷這樁交易。

框架並沒有「對」或「錯」，但是當事人決定採用何種框架，卻會對他們在談判過程中的表現，以及最終願意接受的結果，產生重大影響。因此有時候我們會看到，一個原本雙方都不怎麼在意的小議題，卻意外演變成極具政治或象徵的意義，使得任何一方都不願或不能輕易退讓。例如：美國國會近幾年來的兩黨惡鬥便是如此，只不過是小幅度讓步，就被許多同黨議員斥為大舉背叛，結果即便是已經獲得兩黨支持的重大議題，都難以達成協議。

幸好談判者多半擁有影響框架的力量，而且接下來我們會看到，「重新設定框架」（reframing）是排除交易障礙的一項利器。不論客觀情況如何，我們處理問題的做法，大部分取決於自己（或同陣營的人）的主觀認定。例如：協商交易時，如果把對方當成一起解決問題的夥伴，很多事情都好商量，但如果看成是敵人，往往會寸步不讓。把框架設定為「贏家全拿」的談判者，要比那些相信大家「全是贏家」的人，談得辛苦些。談判者接受對方提議的意願，跟他著眼於長期還是短期利益，或是對方提出的條件比預期更優渥或更苛刻息息相關。因此本書的第一部分將要討論框架的威力，而且會格外關注**如何使客觀上一模一樣的提案及選項，藉由重新設定框架，讓對方覺得更具吸引力**。所以談判時別只顧著緊抓實質內容，同時也要留意對方會用什麼「鏡片」評估他們的選項，或許就能打開看似無計可施的僵局。

雙贏談判
設法掌控談判的框架。框架攸關談判者如何做出決定、評估選項，以及願意接受的條件。

任何期待一開始就講清楚

談判者在談判一開始遇到的問題，與談判過程中遇到的問題，有可能截然不同。其中有個重要的差異，是跟某人為什麼頑固地要求你辦不到的事情有關。如果這種情況是出現在談判初期，這通常代表你對於對手可能丟出什麼樣的議題，做了不適當的期待，結果導致對方提出的要求成了不可能的任務；也就是說，對手要求你做出的讓步，是會導致交易破局的。這也就是為什麼你要在談判一開始的時候，好好教育對方哪些事情你能通融、哪些則不行。談判者往往誤以為對方很清楚這些談判參數，或是因為擔心與對方討論自己談判上的局限或束縛，會使對方質疑你這個對手的價值，因而未能讓對方及早知道己方彈性有限。此外，還有彼此信任不足的問題，使得其中一方很難相信對方是真的窒礙難行，或是真的只有些微的轉圜空間。

當談判才一開始，就因為立場水火不容而陷入僵局時，通常意味著當事人對於談判目標有著不切實際的渴望，但發現談判桌上並沒有這麼多的價值滿足需求。如果雙方都想要得到談判桌上過半的籌碼，那麼即便不是數學天才也看得出來，這樁交易肯定破局。NFL的薪資談判便是一例，這種情況在外交談判與商業爭議也很常見。

這樣的僵局，或許要經過一段時間，例如：數週或是數月，讓雙方因持續互動而產生信任，才得以解決。或是在歷經數年的僵持不下之後，突然在某個時間點，其中一方或雙方才終於搞清楚，他們之前的要求是不可能達成的，並且必須做出重大讓步，才能避免災難性的結果。但結果也可能是終於等到那天時，卻發現大家**還是不願意**降低彼此的要求。這時候你要解決的問題，就不再是教育對方或是建立互信，而是該如何讓對方**承認**，他們先前的要求不合理，從而願意讓步，並接受切實可行的條件。如果對方必須公開讓步，那問題就更棘手了，因為他們曾在別人（例如：媒體或同陣營的人）面前，信誓旦旦地表示要採取強硬的立場。其實就算心知肚明自己太強人所難，而且對手也不可能辦得到，但要大家站出來公開承認並改弦更張，可真不是件易事啊！這正是當年

NFL的談判者遇上的難題，幸好最後問題終於順利解決。

> **雙贏談判**
>
> 光是說服對方相信他們必須讓步，或從初始的立場撤退是不夠的，你還必須幫他們準備好下臺階。

讓步，從談判的形式與架構

當初NFL的薪資談判陷入僵局時，任一方只要願意降低己方的營收需求，就可令對方覺得這樁交易更有吸引力，但是這麼做的代價太高。而且從他們最後達成的協議看來，有時候問題並不一定要靠金錢或權勢擺平，只要懂得很有技巧地在談判形式與架構上讓步，效果會比忍痛砸大錢還要來得好。NFL的案例即是如此，新的三桶金營收分配法，成功地令當事人覺得是比舊算法更划算的交易，但其實兩種分配法的客觀價值幾乎是一模一樣。

談判者若能對談判的形式與結構更加用心琢磨，就能使對方更容易接受你的提案，避免談判陷入僵局，並且獲得更好的談判成果。

雙贏談判

巧妙地在談判的形式與結構上讓步，可避免在實質內容上做出代價高昂的讓步。

在下一章中，要探討如何設定適當的談判架構，取得有利的局勢，不必動用金錢或權勢便能打破僵局，同時還要介紹更多化解衝突的原則。此外，將特別關注使僵局難以化解的兩大問題，它們在NFL的談判中也曾經來攪局。其一是「觀眾問題」，對方當事人在意的，不只是能從你這兒拿到什麼，還在意觀眾會如何評斷他們接受你的條件。其次是「零和問題」，零和型的談判，一方當事人得到的，必等於對方失去的。[5]

當我們為了一個決定性的議題僵持不下，並且無法從其他利益獲得補償時，就很難不在讓步時感到失落，甚至認定是對方打贏了這場仗。接下來，我們就來看看這些問題要如何解決。

第2章

利用框架取得談判優勢——明降暗升的權利金

這是一個交易金額相當龐大的商業談判案例。[1]請我擔任顧問的是一家新創公司，這家公司開發出一項會改變產業遊戲規則的創新產品，而這個產業的年產值可達數十億美元。另外有家公司想要取得這項產品的授權，並且答應協助讓產品上市，因此雙方接下來會有很多議題需要談判，例如：授權費、權利金的抽成、獨家代理條款、里程碑、開發承諾等。結果雙方在權利金問題上出現了歧見，無法達成共識。

初期雙方曾經有過幾次非正式的討論，並隨口約定了營業額五％的權利金抽成趴數。但一段時間之後，雙方卻對實際的支付方式有不同的詮釋。我方的立場是，五％的抽成雖然偏低，但初期是可以接受的，等產品通過市場考驗並且大受歡迎時，應該再將趴數調高至更適當的水準。我方理解因為這項新技術還在開發階段，初期的銷售氣勢可能略顯低迷；再加上，對方在製造生產這部分也砸下重金投資，所以在此階段，我方是願意讓步的。

但對方的觀點可就大不相同了。他們認為既然自己在製造初期已經投資了那麼多資金，此時應該不必支付任何權利金；等到兩三年後，再開始適用五％權利金的抽成趴數才對；而且在此之後，權利金的抽成應該要逐期向下調整，而非往上調升。我們就問對方，憑什麼要求調降權利金？他們的回答是：「因為在我們這個產業裡，權利金的抽成趴數向來都是逐期調降而非調升。」我方再三追問後，對方又給了另外一個說法：「之後如果你們的產品愈賣愈好，你們就會願意接受較低的趴數了。」

我方最初的想法是不要與對方直接槓上，因為整樁交易的金額相當高，而且看在未來可以賺進很多錢的分上，對方應該不至於因為這件事而讓交易破局。但時間一天天過去，談判卻遲遲沒有進展，我們這才明白，對方是認真相信「權利金抽成趴數應該調降」。他們是擔心此例一開，將影響到往後的其他交易嗎？對方是否已經承諾董事會，所以現在騎虎難下？還是他們只是想要爭取更好的交易條件？雖然我們多方嘗試，但真的沒辦法接受逐期調降權利金趴數這個結果。況且如果我們果真同意他們的要求，在頭一兩年收取較低的權利金抽成，那一兩年之後，我們難道不是應該收取更高的抽成以打平前期權利金的短收嗎。這究竟該怎麼做才好？

找到各自的利基點，創造雙贏框架

當雙方的立場水火不容，卻又想要達成協議時，唯有其中一方讓步，要不就是雙方都各退一步（例如：在一段時間內收取固定費率的權利金）才有可能。但此時也有可能會出現違反物理法則的情況，權利金趴數既可以說是調升，也可以說是調降。

事情的轉機出現在我方找到了談判的漏洞，也就是目前的談判只考慮到時間這個單一面向，但雙方的歧見其實還涉及銷售數量這個面向。於是我們嘗試設計出一個「正確」的權利金扣繳率表格，既能滿足對方認為權利金趴數應逐期調降的要求，同時又能確保產品銷售量增加時，我方的獲利不會被侵蝕。想通這點之後，我們提出一份全新的二維式權利金扣繳費率表，取代先前的一維式表格。新的權利金扣繳費率，會同時隨著時間與銷售量調整，請參考表一。[2]

因此我方每年收取的權利金費率不再是一個定數，而會隨著產品的銷售數量，在一個範圍內（有最低與最高值）變動。值得注意的，每一年最高的權利金扣繳率會逐年調降（第一欄），這點滿足了對方的要求，但同時也能滿足我方，希望權利金扣繳率可以隨產品銷售量增加而遞增的期待。表二中做了記號的儲存格，就是我們內部的預測數值。

表一 二維式的權利金扣繳費率表

銷售數量	第一年	第二年	第三年	第四年	第五年	……	第十年
200,000	9.5%	9.0%	8.5%	8.0%	7.5%	……	7.0%
180,000	8	8	7	7	6		6
160,000	7	7	6	6	5		5
140,000	6	6	5	5	4		4
120,000	5	5	4	4	3		3
100,000	4	4	3	3	2		2
80,000	3	3	2	2	1		1
60,000	2	2	1	1	1		1
40,000	1	1	1	1	1		1
20,000	1	1	1	1	1		1
0	0	0	0	0	0	0	0

表二 內部預測數值

銷售數量	第一年	第二年	第三年	第四年	第五年	……	第十年
200,000	9.5%	9.0%	8.5%	8.0%	7.5%	……	7.0%
180,000	8	8	7	7	6		6
160,000	7	7	6	6	5		5
140,000	6	6	5	5	4		4
120,000	5	5	4	4	3		3
100,000	4	4	3	3	2		2
80,000	3	3	2	2	1		1
60,000	2	2	1	1	1		1
40,000	1	1	1	1	1		1
20,000	1	1	1	1	1		1
0	0	0	0	0	0	0	0

結果此法奏效了，對方雖然對於表格上的某些數字還是有意見，但是新提案創造新的框架，避免談判陷入僵局。雙方不再為了權利金扣繳率僵持不下，也不再為了費率應該逐期調升還是調降而各執己見。幾個星期之後，權利金議題終於順利解決，雙方達成的最後協議中，包含了一份依據時間和銷售量計算的簡化版權利金計算表。二維式計算法雖然在實質上與一維式算法並無差異，但是這樣從形式上滿足對方要求的做法，不僅令對方覺得很受用，同時還能兼顧到我方的財務收益，堪稱是一舉兩得。

顧及對方「形象」的框架，更容易被接受

誠如本案例所顯示的，談判的重點不只在於你提出了**什麼**提案，**如何**呈現你的提案也很重要。談判者常誤以為只要實質內容是對的，也就是你的提案足以令對方感到滿意，就不必理會提案的「形象」。但是我們從 NFL 的薪資談判案例可以發現，提案帶來多少價值不是重點，提案的呈現方式才是關鍵。

之所以要顧及提案的「形象」，是因為旁邊有「觀眾」圍觀；而所謂的觀眾，包括

同陣營的隊友、媒體、競爭對手、未來的談判夥伴、上司、同事，甚至是朋友與家人。談判者通常只會顧及隊友的看法，對於「敵營」的人馬往往就沒那麼在意，但是當我方要求對方認輸或是做出很大的讓步時，可就不能不顧慮他們的感受了。如果你把對方的觀眾視為「他家的事」，其實是忽略了談判最難處理的核心問題，因為這雖然看起來像是對方要去頭痛的問題，但如果搞不定，到頭來還是會變成你（們）的頭痛問題。即便你提出了對方「應該」會接受的優渥提案，但若未顧及可能影響對方決策的其他因素，你的慷慨提案恐怕還是會遭對方拒絕。

雙贏談判

留心交易給人的觀感。談判的成敗不僅取決於實質內容，也跟對方陣營的觀感息息相關。

為對手準備好一份勝利演說

談判專家威廉．尤瑞（William Ury）在一九九一年出版的大作《突破拒絕》（*Getting Past No*）一書中曾提到，談判者應幫對手準備一份「勝利演說」。我也總是再三提醒我的學生及客戶，別只著眼於你能提供多少價值給對方，還要考慮到對方陣營的人會如何看待你的提案。**好好想想，如何讓對方在接受你提案的同時，仍能向己方陣營宣稱打贏了這場談判**？如果你想不出一個周全的方法，讓對方把你們達成的協議當成是打贏的「戰利品」，恐怕還是會遇上麻煩。

但我的意思並不是要各位耍花招，強迫推銷不符合對方陣營最佳利益的交易，稍後會再討論，這麼做會招來什麼禍害。不過現在要先來探討，如何設定高明的框架，使談判結果能皆大歡喜。以NFL的薪資談判為例，將營收「金分三路」的新提案，便是能讓各陣營的談判者能夠回去順利交差的設計，因為他們都替己方陣營爭取到最棒的交易了。拜重設框架之賜，談判者才不至於因為死要面子，而犧牲己方陣營的最佳利益。前述的權利金談判也是如此，我們固然已經想出了一個對方能夠接受的實質提案，但對方仍然會需要我們幫忙重新設定一個框架，才不至於讓非關實質權益的其他顧慮阻礙了談判。

這個原則同樣適用於較簡單的談判情境，例如：在跟新雇主談薪資福利時，如果未來的主管想替你爭取更多福利，或是為你開個特例，他就得準備好一套說詞，爭取公司內部的支持。所以我總是不厭其煩地提醒學生，記得要幫你的談判對手想好一套說詞，讓他們能夠回去向己方陣營說明，為什麼他們必須做出讓步，或者讓步是適當的選擇。

雙贏談判

思考對方怎樣才能說服他們陣營的人，並依此重新設定提案的框架。

談判者的誠信也會產生影響

有時候我們並不能十分確定，對方是真的需要我方在實質內容上讓步，或者其實問題是出在對方陣營的人會如何看待你的提案；情況的確也如你所懷疑的那樣，對方通常不願意說明真相究竟是什麼。對方之所以不願明說，通常是因為如果他們坦承沒那麼在意，而我方其實已經準備要讓步的話，那麼他們的坦白可就會讓自己虧大了。如果對方坦白告訴我們，我方的提案對他們而言其實已經夠有價值了，那麼我方肯定不會答應他們再多讓利一些的要求。最後一點，如果對方明白表示，需要我方幫忙他們說服自己人，不但會令他們顯得很沒用，搞不好還會干擾到談判程序。某些談判者就是基於以上種種顧慮，過分在意旁人的觀感，才會刻意表現出是交易條件不夠好的樣子。

如果彼此之間是有足夠的信任，那麼對方就比較可能願意坦承以告，究竟是什麼因素阻礙交易成局。不過即便彼此之間的信任沒那麼深厚，但彼此間多少還是會對對方抱持適度的專業尊重，如果談判真的是因為旁人的觀感從中作梗，他們通常會很有技巧地暗示對方。不過這樣的暗示通常會相當模糊，以便被萬一逼急時，還有空間可以轉圜否認；這默契你們彼此都能懂，只是心照不宣。

不過各位一定要牢記，如果你被視為是個會在別人示弱時趁火打劫的小人，那對方就不大可能給這樣的暗示。簡單地說，**你若是個能讓人放心據實以告的正人君子，他們就愈有可能會釋出訊號**。[3]要讓對方放心，你必須透過行動讓對方明白，你絕不會趁火打劫，而且很感激對方冒著極大風險，告訴你這些重要的資訊。根據我的經驗顯示，歷經數月或數年的反覆談判或多重交易，就不需要刻意建立這樣的信譽。一個人能否被視為行事正派且言而有信，通常要從談判過程中的點點滴滴建立印象。例如：當別人與你分享一些敏感資訊或應允某些讓步時，你是否會信守承諾，並在能力所及範圍內盡量展現彈性，而不會事事錙銖必較，這樣才能建立起彼此的信任。

雙贏談判

讓對方能夠放心請你幫忙解決觀感問題。當別人據實以告時，你也有話明說，且不會趁火打劫。

避免針對單一議題進行談判

本章所舉的權利金案例，凸顯出一個常見的談判問題──雙方在「一個」決定性的重大議題上僵持不下。乍聽之下有點令人費解，但如果雙方爭執的議題不止一個，談判往往會變得比較簡單。當談判桌上只有一個議題，而且雙方似乎都無法得到他們想要的條件，或是無法像他們當初向觀眾承諾的那麼多時，你就遇上了棘手的零和問題，至少有一方會覺得（或看似）談判輸了。這時不妨想想，是否還有其他議題可以帶上談判桌，好讓你們各自都有所斬獲。像我家小孩想要搶兄姊正在玩的玩具時，我通常都會要他拿出另外一件玩具跟對方交換，因為如果玩具只有一個，不論判給誰都很難善了。

同理，把兩個單一議題適當結合起來，就能打造成一個比較容易推進的談判，同時又可以避免這兩個議題分頭成為兩個棘手的零和談判。例如：如果我讓孩子們同時討論星期五和星期六要看哪個電視節目，會比較容易做出結論；若是分開討論的話，就會沒完沒了。只談一次就讓每個人各有斬獲，勝過分頭吵兩次。

有時候設法引進重要性或規模相對較小的第二個議題，也有助於打破僵局。而且你幫對方打造的「勝利」，並不一定要跟對方在重大議題上給你的實質價值一樣多，因為他們其實早就有打算，讓你在重大議題上如願以償，只是在找一樣東西——任何一樣東西都可以，好讓他們能夠宣稱：「雙方都做出了讓步」。

雙贏談判

避免針對單一議題進行談判，想辦法增加議題，或是把幾個單一議題以適當的方式組合起來。

務必同時談判多項議題

即便有好幾個議題要談，但如果要我對現在正在討論的議題做出讓步，以換取你在稍後討論的議題做出讓步，那我可未必肯冒這個險。為了消除這些顧慮，同時談判多項議題，會是比較明智的做法。換言之，與其一次只就一個議題達成協議，倒不如把提案與反提案，放在一起談。例如：「我們可以按照A議題這樣來做，如此便能做到B議題中我們各自必須達成的目標，如此一來，我們就只能接受C議題這樣的條件了。」這麼做有兩個目的，其一是為了消除疑慮，以免自己現在讓步卻無法獲得對方日後互惠的讓步；同時商談多個議題時，你就可以多方觀察對方的作為，來決定要不要讓步。其二是比較容易做出明智的取捨，你可以在對方重視的事項上讓步，以換取為己方在意的事項爭取更多的協議空間。相反地，如果一次只談一個議題，每個人都會拚命爭取當時檯面上現有的條件，根本無暇釐清各方真正在意的是什麼。

假設我正在談判一樁複雜的商業交易，突然有人要求單獨談判某項議題（譬如價錢）。這個時候，我便會設法轉移談話內容，好把其他議題也納入議程。我可以直接向對方表明，等其他條件先講定了，才好再來談價錢。或是把價錢跟其他議題組合成一個「套組」，並說明我的報價是在這些條件下設定的；或是提出多項提案，讓對方了解議題之間的關連，以及我有多大的彈性。以上任何一種戰術，都有助於避免談判卡在單一議題的歧見上，而動彈不得。

雙贏談判

同時談判多個議題有助於做出明智的交易，還可以降低單方面讓步的風險。

別讓某個議題「一枝獨秀」

當檯面上有多個議題時，比較容易達成一個讓各方都覺得有所斬獲的協議。不過其中難免會有某個議題特別受到矚目，並使大家把它當成評斷談判輸贏的唯一指標。NFL的薪資談判就是如此，不論勞資任一方在其他議題上獲得多大好處，大多數的「觀眾」還是會以營收分配這個議題，做為談判是否成功的唯一量尺。政黨間的法案協商也可以看到這種現象，有可能是因為媒體或民眾的資訊、專業能力有限，因此只能論斷最著名的那個議題；也可能是當事人刻意拉抬了某項議題的重要性，政客便經常利用這種手法，挑起支持者的熱情；或是談判者為了更有效率地表達立場，而在無意間造成這種狀況；甚至有的時候，即便沒有觀眾也會產生這樣的問題，例如：一方或雙方為了在談判一開始就搶占上風，而過度強調某個議題的重要性。

雙贏談判

別讓某個議題變得「一枝獨秀」，教育你的觀眾如何正確評斷談判的成敗，別讓他們過度關注任何一個特定議題。

把一個議題拆成兩個

當然也有可能某個議題真的格外重要，即便你竭盡全力想要防止那樣的情況產生，但還是找不到其他任何相關或可能可以納入的議題。遇到這種情況時，設法把一個議題分拆成兩個，就能夠避免非贏即輸的結果。這正是NFL談判者所使用的手法：把營收分成三份來分派；權利金談判則是把「每年的權利金扣繳率」分拆成「按年度計算」與「按銷售量計算」；至於排解孩子爭搶一件玩具的紛爭，則是運用「把一個議題拆成兩個」的戰術，討論誰先玩誰後玩（注意：此法的效果，可能不如把玩具真的一分為二那樣有效，不過也有例外就是了）。

雙贏談判
如果談判桌上只有一個議題，想辦法把它分拆成兩個以上的議題。

幫助對方看見潛在利益

當談判雙方為了某個單一議題僵持不下時，若是其中隱藏了多個可以調和的利益，那麼只要揭露這些潛在利益，就可以打破僵局。例如：員工與老闆為了加薪問題不停討價還價，如果這是因為老闆不認同員工要求的加薪幅度，就應該請雙方找到一個彼此都能接受的「折衷」數字。如果雙方提出的數字始終兜不攏，那最後可能只好分道揚鑣。但也有可能是老闆心裡其實認為員工提出的數字是合理的，但礙於今年的預算有限，而不得不拒絕員工的要求；這時，就應該把癥結分成「今年的薪水」與「明年的薪水」兩個議題，這樣既能讓老闆將預算的衝擊往後延，也可以讓員工從明年開始如願得到較高的薪水。

換言之，讓勞資雙方都得到他們想要的潛在利益（加薪、預算不超支）是有可能的，但前提是雙方必須停止爭論「他們想做什麼」，並開始討論「他們為何那麼做」；也就是將爭議從**立場**（他們想要什麼），轉移至**利益**（他們為何那麼做）。即便兩造當事人對於同個議題的「立場」是「相反的」，但「利益」卻可能是「相容的」；愈快擺脫立場之爭，並摸清楚彼此的潛在利益，就能愈快確定是否可以同時滿足雙方的需求。

雙贏談判

看似水火不容的立場之下，說不定潛藏著可以調和的利益。與其為了彼此有爭議的要求而爭執不休，或是勉強達成一個「折衷」的交易，倒不如搞清楚對方為什麼執意想要某樣東西，說不定能產生更好的結果。

堅守談判內容，但框架保持彈性

高明的談判者懂得通權達變，態度必須強硬時絕不畏縮，但在能力所及的範圍內，也會給予對方應有的通融。在仔細評估過各方帶上談判桌的條件，並審慎考慮過可以提出什麼樣的合理要求之後，你就該展現出堅定的態度，爭取應得的實質成果。要注意的一點，不論多希望對方如何滿足你的需求，對於堅守實質內容的態度可別強硬過了頭。

誠如NFL與權利金扣繳率案例所顯示的，給予協議結構愈大的彈性，就愈可能達成一個皆大歡喜的交易，因為這讓對方能從更多選項中，找到相對適當的方法以滿足你的需求。根據經驗，高明的談判者會在整個談判過程中，透過言行向對方傳達一個很有用的訊息：很清楚自己想要達到什麼目的，但對於達成目標的方式，卻是很有彈性的。這就像是在說，你允許對方可以使用愈多種貨幣來支付，就愈有可能可以收得到錢。

雙贏談判

對於談判的實質內容必須堅守立場，但風格與架構可以盡量保持彈性。

避免談判停滯是值得努力的短期目標

各位或許注意到，在權利金扣繳率談判中，我方建議以二維方式取代一維式計算的提案，其實並未立刻解決問題；相反地，對方還以結構因素為由退回提案。其實真正的原因出在對方認為扣繳率太高了。不過這個提案，至少讓雙方沒有因為意見分歧而陷入僵局，並且讓談判進展到最終可以化解歧見的實質議題。請注意這個重點：精心設計能夠正中對方觀眾下懷並且滿足其需求的提案，雖然不一定能夠立刻解決整個衝突或完成整筆交易，但是這些提案將會減少談判陷入僵局的時間，讓雙方更有可能找到一個彼此都能接受的協議。

雙贏談判

巧妙設定框架的提案，不見得就可以解決整個爭議；有時候，僅僅只是避免讓談判陷入僵局，就是打通最終協議之路的關鍵。

截至目前為止的案例顯示，談判之所以會陷入僵局，是因雙方的目標相反，從而提出了南轅北轍看似不可能和解的需求。不過即便所有人的利益與目標都相同，仍然有可能因為眾人對於達成目標的最佳方法意見分歧，而使談判陷入僵局。之所以會發生這種狀況，有可能是因為彼此信任不足，或是因為沒能有效說明提案的優點，或是因為雙方對於應該採取的正確路徑各執己見。下一章我們將在一個截然不同的人際互動範疇中，看看上述這些因素如何影響談判的進行，並了解如何利用設定框架的技巧，化解大家對於前所未見或超乎預期的新事物所產生的心理抗拒。

第3章

適當性邏輯——
四技巧讓任何病患都聽話

即便你準備了最創新的最佳方案，但是對方卻堅持要按照他們習慣的做法，這時你該如何說服他們？你明明是用心良苦要替對方謀求最佳利益，對方卻堅拒改變，這時又該如何打動他們？雖然你是對的，但是對方卻執意另擇出路，你該如何提供充分的理由勸服他們？

就以被診斷出罹患低風險攝護腺癌的病患為例。[1]美國的攝護腺癌病例，大多數是透過抽血檢驗「攝護腺特定抗原」（PSA）檢測出來的。[2]但有大量證據顯示，很多用此方法檢測出來的癌症病變，其實都是被「過度診斷」的；意思就是說，如果沒做PSA檢驗的話，患者可能終其一生都不知道自己有攝護腺癌。[3]因此素以癌症研究暨治療享有盛名的紐約史隆凱特林癌症中心（Memorial Sloan Kettering Cancer Center），通常會建議罹患低風險攝護腺癌的病患，在病情出現變化前，應該要先採取「主動監測」（active surveillance）的預防性措施，以免日後面臨必須接受手術或放射線治療的結果；而這兩種療法，是有引發尿失禁或陽痿之類併發症風險的。該院的做法，是符合美國國家癌症資訊網與美國泌尿外科協會治療指南的。

主動監測包括：每半年做一次抽血檢測PSA，以及每兩年做一次攝護腺切片。如果病情惡化至有可能危及病患的健康或生命時，才會建議病患做積極處置（例如：動手術或做放射線治療）。

班法．埃岱醫師（Dr. Behfar Ehdaie）是史隆凱特林癌症中心的新進外科醫生，他發現只有六成的患者接受建議進行主動監測，其餘的人則會選擇動手術或做放療；其他同事在向病患提出相同建議時，也差不多得到這樣的結果。雖然不難理解，但仍然令醫師們感到困擾，那就是在建議病患採取主動監測時，通常都得花上好一番工夫與脣舌才能說服他們。按理說，建議病患動手術醫師才能賺更多錢，而且手術或放療還有可能產生後遺症，影響病患的生活品質，那為什麼還是有這麼多病患不願意接受主動監測？到底該怎麼做才能讓情況有所改觀？

建立新的對話方式，病患主動改變

埃岱醫師與同事維克斯醫師決定展開實驗，希望能夠說服更多病患進行主動監測。為此，埃岱醫師找上了我，研究該如何設定與病患討論主動監測的對話，並幫助其他醫師提升與病患溝通的成效。請注意埃岱醫師的目標，是要提升醫師與病人之間的溝通成效，而非指定病患進行主動監測或其他處置，因為這些選擇是每位病患的個人選擇。[4]

看來問題的癥結在於病患必須考慮一個預期之外的治療選項。醫生如何才能化解病患的抗拒心理？如何才能幫助病患選擇對他們最有利的療法？我們決定以埃岱醫師的現行做法為基礎，再佐以相關的心理學研究，一起推敲出更有效的溝通方式。結果成效相當卓著，根據我們蒐集來的資料顯示，自從埃岱醫師改變了他與病患的談話方式後，短短三個月內，同意進行主動監測的病患就從原本的六成，大幅增加至九成五。而且新做法完全不需花費任何經費，抑或改變醫院的政策與行政結構，也不影響醫師、醫院以及保險公司之間的互動模式。更值得一提的，他為病患提供病情諮商的時間，也從原本的六十分鐘，大幅縮短至三十五分鐘。可見新的諮商方法不僅效果更好，就連效率也提高了。

接下來我就跟大家分享，埃岱醫師新做法中的部分原則；[5] 重點在於預設情境經過調整後，使病患不再抗拒改變了。綜合運用這些原則，就成了一道能有效化解抗拒的「處方」，而且不僅可用於醫療諮詢，也適用於所有的談判。

加入適當性邏輯，選項便有正當性

人們是如何做決定的？人們是如何決定要說「好」還是說「不」、要選「A」還是要選「B」、選擇「做」或是「不做」某件事？各位或許聽過「成本—利益分析法」（cost-benefit analysis），人們在做決定時，會衡量所有選項所需要付出的成本以及可能得到的利益，然後選出那個看似最有利的選項，或是根據自身的風險偏好做調整。但是社會學家詹姆士．馬奇（James March）與尤漢．歐勒森（Johan Olsen）提出了所謂的「適當性邏輯」（the logic of appropriateness）。[6]他們認為一般人在做決策的時候，並不會費神做什麼成本—利益分析，而是直接問自己：「要是別人遇上這種情況，他會怎麼做？」[7]這時候浮現的答案，會對其行為產生重大影響。

「適當性邏輯」可供參考之處，在於我們提出的提議或是偏好的選項，別人是否認為「適當」，以及如何提升其「適當性」。心理學（近期則是行為經濟學）對於說服的理論，以及如何為我們提出的選項設定正確的框架，使它們更有說服力，早已有相當多的論述。因此我與埃岱醫師借鏡其中三種概念，希望能提升主動監測的適當性；本書中再增列第四個與病情諮商無關，但可適用於許多談判場合的重要概念。根據經驗顯示，這四大原則能夠大幅提升提案或概念的適當性，並使它們變得更有吸引力。[8]

> **雙贏談判**
> 適當性邏輯指出，一般人在做決定時常會自問：「要是別人遇上這種情況會怎麼做？」

1 好好運用社會認同

社會認同（social proof）是社會心理學家羅伯特・席爾迪尼（Robert Cialdini）提出的原則。他指出，當人們不確定該走哪條路，或是該如何選擇時，會看看別人是怎麼做的，而且不論是光明正大或祕而不宣的行為都會參考。[9] 前述的適當性邏輯也指出，一般人認為大多數人所採取的做法肯定是適當的，這是因為我們認為世界的運作應當是合乎道理的，所以當我們看到其他人都會選擇走哪條路時，就會認為「事出必有因」，並認定這是正確、正常、可以接受的行為。因此想要大幅提升某個選項的適當性，最直接的方法就是展現別人也都選擇了它。埃岱醫師指出，之前他強調他們醫院的做法與眾不同，結果適得其反，造成病患拒絕主動監測；在他修正了說詞之後，終於成功發揮社會認同原則的威力：

之前我會對病患說：「大多數患者不選擇主動監測，是因為他們擔心癌症會擴散，或是認為醫生多半會建議病患動手術或做放療。但是本院相當重視病患的生活品質，因此我們只有在確知動手術或做放療對病人比較有利時，才會建議病患這麼做。」沒想到病患只聽到「大多數患者不選擇主動監測」，後面的內容根本就沒注意聽。我採用的新做法成效卓著，因為我會強調大多數的門診患者都選擇主動監測，而且我一年追蹤的病患多達三百名。[10]

雙贏談判
好好運用社會認同原則，拉抬你提案的適當性。

與眾不同的利與弊

社會認同原則在商業談判中一樣很盛行。舉例來說，任何事情只要跟「創新」一詞沾上邊，就立刻變得很有分量且很吸引人。但是前述的病情諮商案例卻顯示，醫師急於強調本院的治療方案與眾不同、別出心裁且高人一等，效果有可能適得其反。又如業務員想要說服顧客率先採用某項新科技，對方卻只聽見「別人都還未採用」的事實，並聯想到「肯定沒必要急著現在就採用」。如果顧客對這種強調「與眾不同、獨一無二」的說詞不買帳，業務員就必須另謀其他說詞，才能消除顧客的疑慮。

雙贏談判

強調提案與眾不同，有可能提升大家對它的好奇，卻會降低它吸引人接受的程度。

2 試著把提案設為預設選項

「預設選項」是適當性的另一個標記。一般人都以為預設選項一定是最多人的選擇，或者是正常或可以接受的做法。研究顯示，即便人們可以自由選擇想要的東西，但預設選項會對他們產生很強的影響，一旦偏離了預設選項（也就是現狀），便會產生很大的心理壓力。所以不論你想要讓別人選擇哪種策略或產品，都可以將它們設為預設選項，來提升它的適當性。請注意，預設選項未必是最吸引人的選項，但只要成為預設選項，吸引力就會增加。以本章所舉的攝護腺癌個案為例，患者在走進診間的當下，「動手術」往往會是他心中一個預設選項，如果醫師能在會談一開始，就把預設選項轉換成主動監測，那麼接下來的說服工作就會輕鬆許多。但如果錯過第一時間，而讓「動手術」繼續成為預設選項，稍後才想要用其他理由把它換掉，效果往往只能事倍功半。埃代醫師是這麼做的：

現在我跟病患討論療法時，會把主動監測當成是預設選項，並率先聚焦在這上頭。我會請病患安心，因為他罹患的是低風險的攝護腺癌，而非高風險的疾病。我會說：「像你這樣的低風險攝護腺癌患者，我們建議進行主動監測；罹患高風險攝護腺癌的患者，才會建議動手術或是做放療。所以今天我打算跟你詳細說明主動監測，不過我還是可以回答任何有關手術或放療的提問。」[11]

> **雙贏談判**
>
> 把你的提案設為預設選項，能夠大幅提升它的適當性。

主動爭取擬定協議初稿

當你在談判合約時，是由誰來設定預設選項？設定預設選項的權限，通常會落在擬定協議初稿，或是提出制式契約做為範本的當事人手中，此當事人顯然多了項優勢。根據我的經驗，人們對於制式契約裡的許多項目，通常都不會提出質疑，即便是攸關交易價值的重要條款也是如此。同樣的事項，如果是經由口頭提出，往往需要經過激烈的討價還價才會定案。這是因為人們傾向於認定「對方會把這個條款放在制式契約中，肯定有其原因，或許這很正常，要不就是大多數人都願意接受這樣的條件。」

在探討談判策略的學術文獻中，也有一項廣為人知的「錨定戰術」（anchoring）；亦即不論是哪一方當事人提出的第一個提案，都會設定談判的框架，並讓對方明白，可以從這樁交易得到哪些東西。所以一場談判（例如：某項資產的售價）的最後結果，往往與最初的提議有關連。[12]

預設的提案或期待，還會牽動談判的程序，例如：完成交易的時間表、哪些人會參與談判、哪一方會率先提出提議、議程表上會有哪些議題等。大多數個案通常會依循先例，對上述這些事項存有預設的期待或標準。「先例」會讓談判者自然而然去評估現有的預設選項，並且在必要時轉移它們。預設選項存在愈久，就愈不容易改變它。如果能在對方進入會議室之前，就成功轉換預設選項，當然是最好；如果辦不到，就要設法在談判一開始，盡快改變對方對預設選項的看法。所以埃岱醫師現在才會在與病患諮商時，盡快把預設選項從「動手術」轉換為「主動監測」。

雙贏談判

負責擬定協議（或程序）初始版本的當事人，就能獲得優勢。

3 改變參考點

一萬美元算是鉅款嗎？答案見仁見智。如果是用這筆錢來買支手錶，可能綽綽有餘；但如果是要拿來買房子，或是拿它跟國家的負債總額相比，就顯得微不足道。由此可知，我們是根據心中的某種參考點，來評估提議是否夠吸引人、時間表的安排是否恰當。如果引用了「錯誤」的參考點，即使再棒的條件或主張，都很難說服人。所以在提出你的資訊之前，應該先替對方設定一個適當的參考點。就像埃岱醫師指出的：

過去我向病患說明，主動監測需要每隔六個月回診一次時，病患及家屬都會覺得時間間隔太久，搞不好在兩次約診之間癌症就擴散了。接下來我就得拚命解釋，事情並不是像他們所想的那樣，雖然癌細胞的確有可能在六個月內擴散，但機率真的很低。現在我學乖了，我會在討論即將結束，並開始說明追蹤計畫之前，先告訴病患：「PAS篩檢能夠比臨床診斷早四至六年偵測出癌症，而且罹患攝護腺癌卻從未治療的患者，通常要十年後才會出現變化，因此即便是五年後再見到你，都會是安全的。不過為了密切監測你的狀況，所以希望你每半年回來複診一次。」原本的陳述方式，會令半年聽起來像一輩子那麼長，但自從我們把攝護腺癌的自然發展狀況，當成病患和家屬的參考點後，他們就能理解，半年的追蹤期是很合理的。[13]

不論你是為了達成商業交易還是平息武裝衝突而進行談判，抑或是與病患討論病情，對方都會依據其心中的參考點，來評斷你的提案是極其優渥還是差強人意，是公平公正還是厚此薄彼，是令人放心還是令人擔心。每種情境都會有其對應的參考點，因此談判者務必要搞清楚，對方是否已經有了一個適當或有效的參考點，我方是否有必要為其重新設定一個新的。

雙贏談判

建立一個適當的參考點，否則再優渥的提案，對方也可能不領情。

4 不要為自己的提案道歉

如果醫師的確為病患提供了最有利的建議，就沒必要因為病患不喜歡這樣的安排而顯露歉意，因為這會損害醫師的威信；這道理也適用於各種談判。我曾經與多家擁有創新產品的公司合作過，他們的產品售價多半會比競爭者高出十倍，當他們的業務人員向顧客報價時，對方的反應往往混雜著意外、失望及不悅：「這麼貴鬼才會買。」這時如果業務員為了售價高而道歉，就犯下了最嚴重的錯誤。確實，業務員經常犯這樣的錯誤，這有可能是因為他們在自我防衛的情急之下脫口而出，也有可能是為表現自己對客戶的體貼。業務員為高價致歉的言行有很多種，譬如會說：「我知道售價有點高，不過……」；或是太快表示價錢可以再商量；轉移話題改成強調產品很優質；討論別家產品的售價；或是因為缺乏信心立刻口氣放軟。業務員究竟該怎麼做才對？

不論是推銷產品還是進行各種談判，如果你事先已經精心打造提案，並認為它是適當的，就**不要為這個提案道歉**。因為在你顯露出歉意的那一刻，就像是發給對方討價還價的「執照」。我的意思並不是指你應該拒絕對方議價，也不是不需要解釋為什麼要賣這個價錢，重點是當你為提案致歉時，形同是判定了這份提案是不適當的。如果你的提案明顯優於競爭者，就應該強調自家提案的價值。例如：顧客抱怨太貴時，業務員不妨這麼回應：「您可能想知道為什麼我們公司的產品價錢這麼高，卻能吸引這麼多人排隊購買？我們的產品提供了哪些價值，才會賣得比同業還好？天底下沒有人甘願當冤大頭購買劣質品，我很樂意為您詳細說明本產品的價值所在……」

雙贏談判
力挺你的提案，千萬別為它道歉。

最後我要花點時間探討設定框架的道德規範。埃代岱醫師的目的顯然是出於善意，但是換到別的場景時，我們就必須認真思考，這些設想哪些是適當的、哪些卻是不道德的。當插手別人的選擇時，你不只是要評估本身的**意圖**，還要考慮到後續可能引發的**所有後果**。在截至目前為止的案例中，我們都是聚焦在談判者如何運用框架戰術，協助**所有當事人**化解談判僵局，並獲致皆大歡喜的結果。

但我們也要提防這些原則遭到濫用，例如：有人心懷不軌，或是忽略了要考慮別人可能受到的影響（這點稍後會再討論）。幸好光靠預定設定就想要說服別人採取有害的行動，並不是那麼容易。前述的所有案例也都明確顯示，這必須是你鎖定的那一方當事人也有意願，才會在巧妙安排下，朝著你想要的方向前進，使框架原則發揮最佳效果。

另一方面，儘管你不計較對方的談判風格與結構，但對方不一定會勉強接受你提出的實質要求，雙方各執己見或是設下高門檻限制的案例，比比皆是，這時候要如何發揮框架的威力呢？就留待下一章再見分曉吧。

第4章

策略性模糊——促成美印民用核能合作協議

世界各國在一九六八年簽訂《禁止核武擴散條約》（*Treaty on the Non-Proliferation of Nuclear Weapons*，簡稱《核不擴散條約》），限定僅美、英、法、中及蘇聯這五個聯合國安全理事會常任理事國可以擁有核武。這項條約的長期願景則是希望簽署國承諾 (a) 不從事核武擴散活動，(b) 現在擁有核子武器的國家最終能解除核武，(c) 支持所有簽署國和平使用核能科技，以及 (d) 遵守國際原子能總署（IAEA）的保安規範與檢查，以防止核武擴散。

截至本世紀初為止，條約的簽署國達到一百九十國，只剩下北韓、以色列、巴基斯坦和印度拒絕簽署。[1]他們的理由是**五大核武國**的裁軍承諾不足，所以《核不擴散條約》根本是在打壓無核武國家的主權與戰略計畫。這四個國家從《核不擴散條約》生效的那一年起，便各自在核武發展上獲得不同程度的成功。

二〇〇五年七月，美國與印度展開為期長達三年的相關談判，目標是簽訂「民用核能合作協議」。[2]談判的前提相當明確，印度同意將核能設施區分為軍用與民用，並將民用核能設施納入國際原子能總署的保安系統，以換取與美國及核能供應國集團（NSG）展開商務合作。由於印度為《核不擴散條約》的非簽約國，使得談判的困難度大增。因為許多國家認為讓印度參與民用核能商務合作，會削弱美國對《核不擴散條約》的承諾。再者，如果非簽約國也能獲得與簽約國相同的待遇，那別的國家何必要簽署？不過美國與核能供應國集團則認為，印度雖未簽署《核不擴散條約》，而且也有發展核子武器的事實，但印度並未從事核武擴散行動。因此讓印度加入民用核能商務合作，以換取它接受國際原子能總署的檢查與安全防護，能確保印度維持不擴散核武的負責任行為，而且也比較安全。

在這樣錯綜複雜的情勢下，要達成協議堪稱困難重重，必須在許多層級與眾多國家之間協調折衝。首先，美國參議院在二〇〇六年通過《海德法案》，允許美國跟一個《核不擴散條約》非簽約國打交道。其次，美國與印度需要談妥一項雙邊協議，即所謂的「一二三協議」；同時國際原子能總署也必須和印度達成協議，將印度的民用核能設施納入原能總署的保安系統；而核能供應國集團則得提供印度一個史無前例的豁免，讓印度可以擁有核能科技與燃料。最後，美國與印度外交官員努力談成的協議，必須獲得國會的通過與支持。

談判期間最令人頭痛的問題，莫過於印度若是再度測試核武所可能引發的後果。印度曾在一九九八年無視國際的撻伐，五度測試核武，不但遭到美國及其他國家制裁，而且巴基斯坦也在短短兩週後，首度進行核武測試做為報復。一年後，巴基斯坦發動軍事突襲，越過印巴兩國在喀什米爾的「實際控制線」（line of control），幸好這兩個都擁有核子武器的國家，都是拿傳統武器攻擊對方。有鑑於這些可怕的過往歷史，美國國會與核能供應國集團同聲要求，印度必須保證不再測試核武，他們才願意支持民用核能協議。[3]

然而要想獲得印度國內的支持，卻必須符合**完全相反**的條件。限制印度僅能在美國與其他一竿子國家認為必要的情況下，才能測試核武，這在印度國會看來，無異於是對印度國家主權的箝制，這樣的合作協議不簽也罷。其實這正是當初印度拒絕簽署《核不擴散條約》的原因，一紙民用核能協議，卻附加上與《核不擴散條約》相同的限制，印度國會完全無法接受。之前印度雖然曾經宣布，自願暫停測試核武，卻無意受到它的拘束。

像這樣雙方對於同個議題的立場南轅北轍，怎麼做才能達成協議？對於甲方提出的最低要求（基於**國際安全**的邏輯），乙方完全無法接受（基於**國家主權**的邏輯）時，你要如何調停雙方的利益呢？

完成談判但可各自表述

美國與印度在二〇〇七年談判雙邊協議；二〇〇八年，辛格總理領導的內閣順利通過印度國會的信任案表決，國際原子能總署核准保安協議書，核能供應國集團也同意給予豁免。稍後美國國會通過本案，美印雙方在二〇〇八年十月十日正式簽署協議。

這是如何辦到的呢？哪一方甘願屈居下風並接受對方的邏輯？哪一方大膽做出讓步？沒想到這次雙方居然都沒有讓步。

美國與印度簽署的一二三協議，有禁止印度測試核武嗎？有明確規定，印度若引爆核子武器即中止商務合作嗎？沒人能確切回答。

美國國務卿萊斯在二〇〇八年十月一日前往參議院作證時宣稱：「我向諸位再次保證，印度的（核武）測試，將會導致最嚴重的後果；如果印度真的測試核武，依法美國將自動中止合作，並實施其他多項制裁。」[4]

另一方面，印度對外事務部長普納．穆卡勒吉（Pranab Mukherjee）在二〇〇八年十月三日，對於印度是否放棄測試核武的權利做出澄清：「我們無意將自動停止（測試）轉換成受條約拘束的義務，該立場並未改變。」[5]

真是令人一頭霧水！民用核能協議究竟是怎麼說的？在二〇〇八年十月十日負責簽訂最後協議的國務卿萊斯與穆卡勒吉部長，應該是最清楚協議內容的人。事情的真相是，美印之間簽署的一二三協議以及所有相關協議，全都刻意打迷糊仗；這種精心安排的不清不楚，稱之為「策略性模糊」（strategic ambiguity）。

策略性模糊就是開放多種詮釋

策略性模糊是一種有風險的戰術，但若算準時機且運用得法，是可以獲得很好結果的。策略性模糊的風險，在於各方當事人可以對協議做出不同的詮釋（這點我們稍後會再詳細探討），然而這也正是其價值之所在。因為有時候問題的癥結，並不在於雙方對彼此的要求無法接受，而是一旦將你有意接受的部分訴諸書面或公然宣稱，恐將引發軒然大波。

以本案為例，美印兩國的談判代表都心知肚明，不論是用哪種語言寫下的協議，只要印度再次測試核子武器，美國政府就會在國內外壓力的夾擊下，被迫終止合作協議。

所以協議中寫了什麼或沒寫什麼根本不重要，因為印度如果執意要再測試核武，那誰也攔不住；但如果印度真的這麼做，同樣沒人能阻止美國終止協議。知道美國會做這樣的反應，就是使印度不再測試核武的最佳誘因。換言之，雙方的誘因其實是一致的，而且會議室裡的每個人對每件事都已達成共識，彼此之間並沒有誤解，但若把這事訴諸文字，就會引起大麻煩。談判人員花了好幾個星期費心斟酌遣詞用字，期盼在種種限制下擬出雙方都能接受的協議，任何類似「若是印度測試核子武器……」的用語，在印度都是行不通的，但若少了這些文字，則美國又不會接受。最終的解決方案完全違反律師的直覺：協議要**夠含糊**，好讓雙方都能以最令己方陣營滿意的方式各自表述。

雙贏談判

當雙方對於關鍵議題或原則皆不願公開表示屈從時，策略性模糊──刻意開放多種詮釋，會有助於達成協議。

有適當誘因牽制對手才能使用策略性模糊

談判者必須先釐清當事人之間的關係，才能確認是否應該或可以使用策略性模糊這項工具。當其中一方或雙方當事人，都有誘因和能力去占對方的便宜，而且真的會這麼做時，就不適合使用策略性模糊，除非能夠透過合約或條款，讓對方無法輕舉妄動，要不就得付出昂貴代價。否則在這種情況下，採取明確訂定規範各方權利義務的協議，而且還要清楚載明哪些行為是絕對禁止的，才是上上之策。反之，若當事人的共同利益相當一致，不需要靠書面寫下的硬性規定來維繫關係的話，就可以視情況需要，例如：滿足觀眾的期待，彈性選擇規範不那麼周延或條款語意有些模糊的合約。換句話說，必須有其他機制足以讓各方做出適當的行為，才適合使用策略性模糊。當印度外長穆卡勒吉在簽署協議的數天前公開表示：「我們有權測試核武，其他人有權對此做出反應。」[6]就清楚說明了，這項核武談判是符合此一標準的，各方當事人基於自己的權利與利益，必定會自動遵守此協議；但是這種讓印度國民聽得很爽的言論，是不能放進協議裡的。一般而言，當觀眾的影響力大到足以左右談判結果時，我們就有可能願意屈就於現實壓力，接受存在於策略關係中的種種限制，只是絕對不能在書面中承認或證實這些事實。

雙贏談判
必須有其他機制能確保當事人做出適當的行為時，才可以運用策略性模糊。

策略性模糊有利於初期關係的建立

在談判初期，各方當事人之間還缺乏足夠的互信，這時一般很難達成全面性的協議。諷刺的是，這時策略性模糊反而是個有效的戰術，先達成一個沒那麼完整（或明確）的協議，然後吸引大家持續投入並建立互信。以跨文化的交易為例，由於對彼此的過往表現了解不多，多半不會貿然建立長期關係，而且會避免簽下過多承諾的協議，以免風險太大；但是明顯承諾不足的協議，卻有可能使情況變得更加複雜。例如：X公司把生產製造外包給一家新創的製造商Y公司，卻不願意跟對方簽長期的代工合約，也不願補償Y公司為了這筆交易在製程上的投資。雖然Y公司願意屈於現實全力配合，但如果產品不夠好，到頭來，X公司還是會抽單，然後另覓合作夥伴。然而這個明顯承諾不足的協議，上頭有一大堆條款載明了，X不必為Y的命運負任何責任。這種合約會送出非常負面的訊號，到最後迫使雙方在面對難解的議題時，討價還價、僵持不下。

對於合作雙方之間究竟是什麼關係，以及承諾的強度與長度，不必鉅細靡遺地清楚交代，保持某種程度的含糊，反倒能給大家一些必要的彈性與自由，去化解合作初期的猶豫，然後在「沒有任何附加條件拘束」的情況下，追求早期的合作。即使在雙方都能夠從適當行為中受益的情況下，因為有些安排雖然在原則上是很容易理解，也能獲得一般的認同，但依舊很難清楚明確地訴諸於書面，特別是在雙方可能會發展成隨時間演進的長期關係的最一開始。

雙贏談判

策略性模糊能夠幫助各方，在彼此信任還不足以給對方充分承諾的情況下，啟動關係的建立；但若擺明了就是不願給對方任何承諾的話，是沒有人會接受的。

我必須強調，在我們所考慮的每一種情況，策略性模糊並不是為了用來代替雙方建立一個真正且持久的理解；如果雙方對於關鍵議題仍然有很深的歧見，亂用策略性模糊，反而可能幫倒忙。這正是我們接下來要深入探討的課題——用錯框架可能產生糟糕的後果。

第 5 章

框架的限制——錯誤使用框架造成美伊開戰

二〇〇二年，美國力促聯合國安全理事會通過一項決議，宣稱伊拉克政府確實違反先前多項安理會決議，祕密發展大規模毀滅性武器（WMD）。各方一致同意派遣武器檢查人員前往伊拉克，評估該國現在是否已遵循聯合國的要求。但此事進行到後續階段時，卻出現嚴重分歧，以美、英為首的部分國家要求，若是伊拉克未能快速令檢查員感到滿意時，就應立即自動啟用聯合國的「授權動武」。但是法國、德國、俄羅斯以及其他國家（包括武器檢查員）則希望，能給檢查員更充裕的時間執行任務，並反對自動授權動武。[1]法國陣營要求，屆時必須再次開會討論是否動武，理由是姑且不論伊拉克有沒有發展大規模毀滅性武器，一旦啟動授權動武，戰爭就勢在必行了。試想，各國都認定伊拉克藏匿了大規模毀滅性武器，它要如何「立即且無條件地主動」證明此事根本是子虛烏有？

因此本案的協商關鍵，是如何化解雙方陣營對於實質議題——是否應自動授權動武——的歧見，並達成某種妥協。但問題是雙方對於何種情況可以使用武力，歧見更深。

錯誤使用策略性模糊的後果

當時各方並未努力解決核心爭議，而是玩弄「策略性模糊」手法，聯合國安理會一四四一號的決議文中完全未提及「自動授權動武」一詞，但其用語卻大開巧門，讓美英陣營得以將它詮釋為情勢已達到應授權使用武力的狀態。[2]舉例來說，決議文中雖然明確指出，在採取軍事行動之前必須進一步討論，卻又說已經給了伊拉克「履行裁軍義務的最後機會」。而且美國駐聯合國大使約翰．尼葛洛龐帝（John Negroponte），在一四四一號決議出爐後不久隨即指出，「動武條件」並非決議中唯一未提及的事項：

如果伊拉克進一步違反決議，安理會卻未果斷採取行動時，本決議並未限制任何會員國，採取行動對抗伊拉克的威脅，或是強制執行相關的聯合國決議，以及維護世界和平與安全。[3]

對於伊拉克是否切實遵守一四四一號決議，如果雙方陣營的看法是一致的，就不會有問題：雙方都期盼透過第二次投票，表決是否應授權動武以及何時動武。但令人遺憾的，對於伊拉克是否遵循安理會決議，以及是否應該進行第二次投票，雙方很快就出現歧見。由於此一核心爭議未獲解決，法國與俄羅斯顯然不會支持快速訴諸武力，而且會否決與動武有關的任何授權。但美國政府仍舊偏好以武力解決，因此授權動武的投票若未能過關，還不如不投票。

所以美方陣營不顧法方陣營的大力反對，未經過第二次投票，且無視於決議文中沒有任何授權動武的用詞，便逕自在二〇〇三年三月二十日出兵伊拉克。而且雙方陣營竟然異口同聲表示，他們是依據安理會一四四一號決議行事。雙方（利用策略性模糊）的權宜之計，不但未能阻止戰爭發生，而且還擴大了安理會與其他國家之間的分歧及不信任。即便戰爭原本就是無法避免的（例如：美國執意攻打伊拉克），所以不能歸咎於策略性模糊，但是企圖以策略性模糊掩飾兩大陣營間的嚴重分歧，結果只是令事態更加惡化罷了。

策略性模糊無法解決實質衝突

使用策略性模糊的理想狀況，是各方對於實質內容已經有了心照不宣的默契，只是礙於情勢，不方便以白紙黑字明確寫下來，以免產生很大的負擔。但遺憾的是，當事人往往在實質議題尚未達成共識時，貪圖方便使用策略性模糊，避免談判陷入僵局，或是以為它可以讓大家達成「某種共識」。但這麼做並非真正解決實質衝突而是拖延處理，只是把髒汙掃到地毯下眼不見為淨，並製造出一個假象，以為大家已經達成不錯的交易。然而各方打從他們宣稱「達成協議」之後，迄今已在心理、政治或經濟上累積了可觀的投資；因此當衝突再起時，他們的期待破滅，並認為對方違約，使得情勢有可能比之前更糟糕。

雙贏談判

不可以把策略性模糊當做達成實質協議的替代品。

策略性模糊是現在與未來衝突間的權衡

策略性模糊牽涉到是要現在就盡力阻止衝突，還是等到日後再來傷腦筋。如果你想避免未來再生爭議，那現在就該擬定一份極其明確的協議，避免日後出現各種版本的詮釋。不過如果你比較在意的是如何解決眼前的僵局，以免雙方才剛開始協商就不歡而散，若是這樣的話，倒是可以把策略性模糊當做解方。但如此一來，策略性模糊便附加了一項賭注，我們為了讓現在比較好做事，決定在未來承擔更大的風險。因此我們必須仔細盤算成本與利益，才能決定究竟要不要賭這一把。當各方對於實質議題的歧見很深，而且即便經過一段時間仍不大可能消除（或有可能惡化）時，最好別使用策略性模糊。

雙贏談判

策略性模糊是在權衡，現在就解決衝突還是未來再傷腦筋。

留意貪功躁進的誘惑

誠如本章的案例所示，談判的各方當事人，往往還沒搞清楚會對未來產生什麼影響，便貿然採用策略性模糊。究其原因，除了眼光短淺，未充分考慮到日後的所有後果外，也有可能是受到獎懲系統的誘惑。如果談判者會因為成交而獲得獎勵，或是因未能達成協議而被懲處，他們就會想方設法達成目標，並對其中的瑕疵視而不見。這些誘因有可能是明示的，例如：商界便常祭出誘人的成交獎勵；也有可能是暗示的，政界即是如此。當觀眾（例如：選民、高層主管、媒體）只看是否達成交易，而不問長期後果時，談判者就有可能選擇化解現在的衝突，而無視於這麼做可能使未來發生衝突的可能性大增，且情節更為嚴重。

雙贏談判

如果成交會獲得獎勵，談判者有可能隱藏實質議題的歧見，達成有瑕疵的交易。

小心別成為策略性模糊的受害者

為了公平起見，我們就從另外一個角度，評估二〇〇三年美國與法國之間發生的情況。我們不妨試想，如果當初一四四一號決議不是採用策略性模糊，情況會變成怎樣？這意味著美國會在沒有聯合國授權的情況下採取行動，也就是在只有幾個盟國的支持下，就對伊拉克開戰；事實上，美國也真的這麼做了。那為什麼還要費事達成協議呢？原因可能是雙方都認為，他們寧可達成一個**明知未來有可能會引發衝突**的模糊協議，也好過協商破局，即便真正參與攻擊的國家只有小貓兩三隻，但美國仍想要打著聯合國授權的旗號做這件事；而法國則是不想創下會員國執意要打仗、但安理會卻袖手旁觀的先例。

這個憤世嫉俗的觀點顯示，策略性模糊符合雙方陣營的利益，而且雙方對於實質議題並沒有太深的歧見，法國與美國一直都很清楚，即便無法取得多數國家的廣泛支持，美國仍舊會對伊拉克用兵，但雙方仍想營造聯合國並未被漠視的幻象。因此利用策略性模糊寫就的一四四一號決議文，不但給了美國出兵行動某種程度的合法性，也使法國極力捍衛聯合國的行動，顯得順理成章。

如果此一觀點是正確的，那麼對參與談判的各方當事人而言，濫用策略性模糊並未造成失敗，因為他們每個人都成功達到目標。濫用策略性模糊的失敗是出現在整體體系的層面，因為有的時候，當談判者找到一個能讓各陣營都宣稱勝利的方法時，他們會為了達成自身的狹隘目標，而罔顧大多數人的利益，並使其他利害關係人損失慘重。我們把這樣的行為，為使所有參與談判的人都獲益，不惜犧牲其他未參與談判者的利益，稱之為「寄生蟲式的價值創造」（parasitic value creation）。[4]那些談判者所攫取的價值是「寄生」而來的，並非透過互助合作與公平交易得到的成果，而是從別人的口袋裡巧取豪奪來的。

遺憾的是，有些人非常善於運用策略性模糊，幫自己在交易中謀利，而非替所有人創造價值。各位若不想在日後成為受害的苦主，務必切記，小心協議中語意含渾模糊或不完整的部分。如果你並非參與討論的當事人，一定要努力設法查出真相，搞清楚實質爭議是否已經解決，或是其他的利害關係人是否必須在日後付出代價。你必須把交易內容搞得一清二楚，或是了解為什麼不能在協議中明確記載的理由。

雙贏談判

模糊或不完整的協議有可能像「寄生蟲」，只顧滿足參與談判者的利益，卻犧牲其他利害關係人的利益。

在了解策略性模糊（或者該說是運用適當框架化解衝突）的潛在問題之後，請大家注意，在大多數個案中，運用適當框架幫忙打破僵局，並不一定會產生我們在本章中提及的各種負面後果。同時也要記住，不論是否有人企圖影響談判，談判框架**永遠**都會存在，而且一般人會透過某種預設的眼光評估提案與選項。重點在於談判者能否（以及知道該如何）重新設定對話框架，以期為所有當事人，包括實際參與談判以及會受到談判影響的其他人，謀求更有利或更公平的談判結果。

關於如何設定提案或結果的框架，我們已經討論很多了，所以就此打住。下一章將深入探討關係的局勢。各方當事人對彼此的看法，會對談判產生廣泛、重大與持久的影響，了解這個道理後，你就會及早採取行動，為日後的關係打造正確的框架。

第 6 章

搶先設定框架贏得先機——美摩兩國的百年友好條約

你知道美國最「長壽」的條約，是跟哪個國家簽訂的嗎？美國在外國買下的第一座建築物，就位在該國，這也是世上唯一一個位在他國領土上的美國國家歷史地標（National Historic Landmark）。[1]這個國家不但鼎力支持美國對抗恐怖主義，還曾在南北戰爭期間襄助北軍，第一次世界大戰時，該國也曾派兵與美國共同作戰。美國同樣全力維護該國不受外國侵犯，它也是全球二十個與美國簽有自由貿易協議的國家之一，你猜出是哪一國了嗎？

再多給點提示好了：這個國家位在非洲，百分之九十九的人口是阿拉伯人或伯伯爾人（Berber），且百分之九十九的人信奉回教，它是美國在非洲大陸僅有的兩個「非北約」重要盟國之一，使該國享有美國提供的特殊軍事與財務合作。想到答案了嗎？

最後一個提示，美國最受好評的電影鉅作，其場景就設定在這個國家的最大城，這個地位特殊的美國盟友究竟是誰？

歷史學家與看過《北非諜影》的電影迷，或許早早就猜出答案了，對，是摩洛哥。不過令人好奇的是，為什麼美國與摩洛哥能夠維持這麼長久的友好關係呢？

主動伸出友好之手

傑佛遜與亞當斯在一七八六年簽署了《摩洛哥─美國友好條約》，雙方的談判代表分別是摩洛哥國王穆罕默德三世與湯瑪斯．巴克禮（Thomas Barclay）。[2] 該條約是以阿拉伯文書寫，然後再翻譯成英文，共有二十五條條文，大多是與航海及商務有關的規定，最後一條條文則約定其有效年限。「本約將在上帝的協助下，持續有效達五十年。」沒想到這一晃眼，居然已經過了將近兩百三十年，該條約仍然繼續有效。其實該約早在前言中，即已做出了正確的預言，它載明本約是在（回曆）一千二百年八月二十五日達成，**相信上帝將使它永遠存續**。

但其實這份條約，只是將兩國延續將近十年的友好關係，寫成白紙黑字罷了。促使兩國永結友好的最重要關鍵，是摩洛哥在一七七七年率先承認美國獨立。摩洛哥國王看到了與美國加強商務關係的重要性，在同年十二月宣布，該國的港口將對美國開放，雖然美國因為忙於跟英國作戰，直到數年後才回應這項提議，不過這個溫馨的舉動，埋下了友誼之樹的種子，並在日後成長茁壯為一段綿延數世紀的友好暨商務關係。

搶占設定框架的時機

我們從之前的案例即可發現，談判者如能搶先制定談判的對話框架，即可享有所謂的「先發者優勢」。而愈早來「卡位」的框架，就愈有機會留下來並塑造後續的談判。我們在討論預設選項時就已得知，談判者應努力爭取提供談判範本或協議初稿。而美國與摩洛哥之間歷久彌新的情誼，也是因為當時別無其他框架來攪局，才得以從一開始就設下了友好往來的框架。至於商業性質的談判，通常會在一開始就建立多種框架，包括談判者孰強孰弱、資訊應透明公開還是嚴密防護，以及該採用哪個參考點或先例，來評估當事人提出的提案或價值。高明的談判者會在過程中，密切注意這些框架的影響，並設法及早建立己方偏好的框架。

雙贏談判

搶先設定框架好處多多，所以要設法在談判一開始就掌握設定框架的權力。

重設框架也是愈早愈好

因為你不一定每次都能搶到設定初始框架的機會，所以必須盡快評估現有框架，並在必要時及早改變框架。不久前，有位介入性心血管科的名醫，正在跟他服務的醫院談判新的僱用合約。他原本以為執行長很清楚他為醫院帶來的巨大價值，所以應該會輕鬆獲得加薪；沒想到，執行長竟提出要把他的薪水大減兩成。而且執行長為了證明自己的做法合理，準備了大量文件與詳盡的數據，顯示醫院是賠錢的，而且這位醫生所做的手術也是賠錢的。但執行長其實是不分青紅皂白，把醫院所有固定費用納入計算，並忽略這位醫師對該院所做的貢獻。每一次雙方見面討論，執行長是如何做出損益分析表，以及這樣的做法是否公平合法時，執行長總是固執己見，所以談判始終未獲進展。

最後這位醫生終於想通了，要打破執行長的「因為醫院賠錢、所以你必須減薪」框架，唯有引進截然不同的框架當做談判的基礎。所以這位醫師詢問執行長，既然雙方的爭執點在於公平性，那他是否可以請公正客觀的第三方人士，分析他對醫院的貢獻在市場上的合理價值。許多醫院都採用比較式分析法來決定醫師的薪資，坊間也有不少公司提供這類服務，所以執行長同意了他的要求。根據受託單位回報的分析數據顯示，以他為醫院創造的營收價值來看，這位醫師目前的薪資偏低。這下子，雙方的協商不僅變成該替醫師加薪多少，同時也讓執行長有了必須為這位醫師加薪的正當理由。

雙贏談判

如果現有框架是不利的，盡快設法擬定新的框架。

設定框架才是最好的衝突管理

美摩友好條約與其他案例最大的不同點，在於當初摩洛哥國王提出的許多意見，是為了防範未來美摩兩國發生衝突，而不是為了解決兩國間的既有爭議或談判僵局。就像早設框架比晚設來得有利，事先防範談判陷入僵局，也比解決僵局簡單得多。而且不論規模大小，皆適用此一原則。

接下來要介紹一個很有意思的案例，來佐證此原則。第三屆聯合國海洋法會議在一九七三～一九八二年召開，當時擔任新加坡駐聯合國常任代表的許通美大使（Tommy Koh），出任某個重要委員會的主席，負責討論極具爭議性的深海海床採礦議題。參與談判的代表來自全球一百五十餘國，他們各有不同的利益與觀點，這麼一大群人要逐一討論每項議題，真的十分困難。所以許大使必須想出個妙法，把談判的規模縮小至可以控制的數目。但如果每個人都認為自己有權利也有理由參與會議的話，這件事就很不容易辦成，多年後許大使回想當時的情況：

> 在談判採礦合約的財務條件時，一開始我們一百五十餘國的代表齊聚在一間會議室裡，這是為了讓大家都獲得必要的公開資訊……我們討論了該談判哪些議題、哪些參數、情況有哪些，（而且還要）跟他們解釋所有相關技術的術語……等這些事情一搞定，就必須把這種大規模的全體會議，轉變成規模較小的論壇……[3]

要如何才能讓各國代表展現「犧牲小我、完成大我」的精神呢？如果有人「打死不退」，又該怎麼辦呢？許大使是這麼做的：

我特別新設了所謂的「財務專家組」，並特地挑選一間最多只能容納四十人的會議室，裡頭沒有放置參與者的名牌，所以任何人都可以進來。但因為「財務專家組」的名稱聽起來有點嚇人，所以很多人都覺得自己不夠格參加這一組，我也未出面勸說任何人加入，因此大多數人都沒出席……這個安排讓我們得以在一個規模小得多的論壇裡，大幅提升我們對這個議題的集體知識。

許大使的做法讓我們看到了，高明的談判者會預先謀劃，並打造適當的情境，讓大家避開直接衝突，而且不會覺得自己的權益受損。所謂「請神容易送神難」，與其等大家進入會議室後再要求他們離開，倒不如設定適當的框架，讓人們在一開始就知難而退，這樣的做法肯定輕鬆許多。這個案例也提醒了我們，不要等到衝突發生後，才開始思考如何運用各種談判工具。如果大家的路線是互相衝突的，最後勢必會發生碰撞，不如事先就設法錯開彼此，而不要等到衝突發生之後才忙著收拾殘局。

最近我曾與某位同事討論下述狀況，為了解決某個種族裡的兩大派系紛爭，必須挑選一名監察員負責督導媾和過程。我們得知其中某個派系的領導人有意問鼎此職，因為他認為自己既是這個族群的合法領袖，由他擔任位高職尊的監察官自然是最適合的。但問題是並非所有交戰派系都認同他的想法，而且這正是造成他們內訌的重要原因之一。值得注意的，雖然這位領導者的行事風格頗有爭議且不適任，但如果直接拒絕，卻有可能會得罪他。

我的建議是找到一個能被各方信任的人選，並且重新定義監察員的角色，使這個職務不再代表特權或地位，而且必須先搞定此事，再開始跟大家討論其他細節。如果能夠成功將監察員定義為低階的技術官僚，那位領導人想必就不會覬覦這個位子了。

雙贏談判

預先防範爭議發生，會比發生爭議後再想辦法解決來得容易些。最好在一開始就設定決策的框架，以避免大家發生衝突。

用對框架就能小兵立大功

美摩條約與海洋法會議的案例，正好點出人們在談判時經常忽略的一個因素：即除了各方當事人必須面對的重大議題與決策之外，其他一些看似不起眼、不急迫的簡單決定，有時候卻會對交易結果產生很大的影響。以海洋法大會為例，由於全體集會的規模頗大，因此許大使把它改成規模較小但效率較高的工作團體，是理所當然的做法。至於美摩兩國間的關係，不論是與美國來往，還是與美國建立和平的關係，兩者都沒有急迫性。但英明的摩洛哥國王卻早早採取一些小措施，防患衝突於未然。

但這並不表示我們必須對談判中的每一個小決策都提心吊膽，而是要提醒大家，在大多數談判中，都存在著一些可能影響交易結果的小選擇，我把此稱為「小兵立大功的時刻」（high-leverage moments），談判者只要付出相對較小的努力，就可以對框架產生很大的影響，從而使談判成功的可能性大增。這些時刻多半會在談判（或關係建立）的早期階段出現，因為此時大家還有爭取設定框架的機會，而且每一決定都有可能變得舉足輕重。這一點可以從一件往事見其端倪。[4]當美摩兩國剛開始建立友好關係時，美方代表巴克禮前往摩洛哥，國王提到美方必須向他進獻一份禮物，以確認兩國間的友好關係。但巴克禮回覆說，他能夠提供的唯一「貢品」，是兩國平起平坐的友誼，如果國王無法接受，那他只好空手回國覆命。在那個小兵立大功的一刻，國王同意讓步，並接受雙方對等的關係。如今看來，能夠與日後成為全球最厲害的超級強權結為盟友，摩洛哥國王還真是相當睿智。

雙贏談判

及早行動能獲事半功倍之效。看準時機，以極小代價大力影響框架，並為你們的關係建立適當的期待與前例。

Part 1 重點摘要

- 設法掌控談判的框架。
- 幫對方準備好下臺階。
- 巧妙地在談判的形式與結構上讓步，可避免在實質內容上做出代價高昂的讓步。
- 留心交易給人的觀感：對方陣營的人會如何看待這項交易？
- 幫對方準備一套說詞，說服他們陣營的人這是一筆划算的交易。
- 讓對方能夠放心請你幫忙解決觀感問題。
- 避免針對單一議題進行談判，想辦法增加議題，或是把幾個單一議題，以適當的方式組合起來。
- 要同時談判多個議題，切勿一個一個來。
- 別讓某個議題受到過度關注而顯得「一枝獨秀」。
- 想辦法把一個議題分拆成兩個以上。

- 揭露潛在利益，在看似水火不容的立場之下，說不定有著可以調和的潛在利益。
- 對於談判的實質內容你應堅守立場，但結構性議題可給予彈性——我很清楚我想到達的目的地，但對於去到那裡的方法很有彈性。
- 避免談判停滯是值得努力的短期目標。
- 運用適當性邏輯，要是別人遇上這種情況會怎麼做？
- 用社會認同提升行為的適當性。
- 強調某個提案與眾不同，效果有利有弊，需要慎思。
- 試著把你的提案設為預設選項。
- 負責擬定協議（或程序）初始版本的那一方當事人可取得優勢。
- 建立適當的參考點，讓提案能獲得正確的評估。
- 力挺你的提案，千萬別為它道歉。
- 當雙方皆無法讓步時，策略性模糊有助於化解僵局。
- 必須有其他機制能確保當事人做出適當的行為時，才可以運用策略性模糊。
- 策略性模糊並不能用來解決實質性的衝突。
- 策略性模糊是在權衡——現在就解決衝突還是日後再傷腦筋。

- 如果成交會獲得獎勵，談判者有可能隱藏實質議題的歧見，達成有瑕疵的交易。
- 模糊的協議有可能像「寄生蟲」，傷害未參與談判者的利益。
- 爭取先發者優勢，儘早掌控框架。
- 如果現有框架是不利的，設法盡快擬定新的框架。
- 爭議也要防患於未然，因為等發生爭議後再想辦法解決，會比較麻煩。
- 在雙方剛往來的初期，抓準時機，以極小的代價為你們的關係建立適當的框架。

Part 2

達成共識的關鍵

好消息是隧道的盡頭會看到光；壞消息是前方根本沒有隧道。

——故以色列前總統裴瑞茲（Shimon Peres）

第 7 章

程序的威力——美國制憲成功因事先備妥程序

當年美國為了爭取獨立，曾經與英國奮戰八年，最後在一七八三年簽署《巴黎和平條約》正式結束戰爭。美國在獨立建國之前，曾有六年時間，是以《邦聯條例》做為行使政權的規範。[1]《邦聯條例》刻意限制中央政府的權力，實際握有大權的是各州政府。該條例明定，十三州之間的關係僅是一個「友好的聯盟」，對於剛掙脫宗主國並共組邦聯的美國人來說，這樣的安排或許不令人意外，只不過沒多久，問題就浮現了。在抗英戰爭期間擔任美軍總司令的喬治・華盛頓，對於《邦聯條例》的諸多缺點感受最深，例如：邦聯議會並無徵稅權，而各州通常也不願意出錢支付軍餉及償還外債所需的資金；戰爭結束後，事態更加惡化。由於邦聯議會威信不足，所以許多代表根本懶得出席，即便好不容易達到法定人數，也沒什麼作為，致使許多重大法案無法過關；想要提高稅金以清償戰爭負債的法案，就是其中一例。問題的關鍵在於《邦聯條例》賦予各州的否決權，只憑一張否決票，就能推翻其他十二州的一致支持，像羅德島州與紐約州，便曾有過「獨排眾議」否決法案的紀錄。

愈來愈多證據顯示，《邦聯條例》有著嚴重的缺點，而一七八七年發生的謝司起義（Shay's Rebellion，亦稱謝司暴動）——麻薩諸塞州的農民群起反抗州政府亂收稅——則暴露出這個年輕國家在經濟與政治方面的諸多問題。不久後，各州同意派遣代表參加費城的制憲會議，不過會議的召開目的並不敢太過張揚，只說是考慮要修改《邦聯條例》，以避免引發改革派想要奪走各州大權的聯想，導致各州拒派代表赴會。

通常形容某人在歷史事件中「獨挑大梁」，或許有點言過其實，但是詹姆斯·麥迪遜（James Madison）的確是美國制憲會議中最重要的角色了。而且這重責大任真的是難為他了，麥迪遜的身高僅約一百六十三公分，體重約四十五公斤，這樣的體格看起來一點也不威武，實在很難跟滔滔雄辯的演說家聯想在一起。而且他生性害羞，與人辯論時常因音量太小讓人很難聽清楚。當時年僅三十六歲的他，既非征戰沙場的戰爭英雄，也非全國知名人物，就連在維吉尼亞州代表團中，也只是個後生晚輩。但最嚴重的問題是當時支持大幅修改《邦聯條例》的人很少，各州議會更不可能會接受大幅削減其權限的法律。但會議結束時，制憲代表們已經起草了一份全新的憲法，將權力大幅轉移到新的中央政府。能夠獲得這樣驚人的成果，麥迪遜堪稱厥功甚偉。到一七八八年九月中旬，全美十三州中，已有九個州正式批准了新憲法；翌年年初，美國憲法正式問世。這一切是如何辦到的呢？

新程序輕鬆避過舊體制

麥迪遜對立憲的偉大貢獻，使他被尊奉為「美國憲法之父」。一七八七年夏季，在費城召開的制憲大會中，麥迪遜發表演說超過兩百次，這大部分要歸功於他在大多數代表抵達費城之前所做的努力。等到會議正式開始時，整個討論程序都已經按照麥迪遜的規劃而成形了。[2]

麥迪遜是在一七八七年五月三日抵達費城，比制憲大會原定的開幕日，整整提早了十一天，他向來都是第一個到達的代表；同為維吉尼亞老鄉的喬治．華盛頓，則是在十天後第二個抵達。當兩人在原定開幕日（五月十四日）前往大會堂時，赫然發現除了身為東道主的幾位賓州代表之外，未見其餘代表。按理說，麥迪遜應當對其他代表姍姍來遲所隱含的壞兆頭感到憂心，但他卻絲毫不受影響，立刻開始做事。麥迪遜從眼前的情況領悟到，自己未來的任務是說服其他代表澈底拋棄《邦聯條約》。這是因為舊體制有著嚴重的缺失，它讓任何一州有權否決其他十二州一致同意的國家大事，新的體制必須讓中央政府握有比之前大很多的權力。

想要推動這麼劇烈的變革，麥迪遜明白他將遭遇的最大阻礙，會來自既有的預設程序，不管討論任何議題，都是以《邦聯條約》為基礎。若繼續以《邦聯條約》當做修憲的範本，根本不可能討論出適當的政府架構；若繼續以「修正邦聯條約」當做本次大會的程序，就絕不可能做出麥迪遜想要的大刀闊斧改革。所以必須設法把程序變成討論什麼才是「最棒的憲政體制」。

麥迪遜與華盛頓及其他志同道合之士（來自賓州和維州）攜手合作，開始起草一份可以當做討論起點的替代文件──《維吉尼亞方案》。這個方案雖然是以《邦聯條約》修正案的形式呈現，但實際上卻是澈底翻轉了各州的現存狀態，其中的重要提議包括：國會選舉改採比例代表制，把權力授予人民而非州議會；賦予行政部門否決權；分權制衡的概念；立法部門可以否決違反國家利益的州法。最令人拍案叫絕的安排，則是修改了新憲法的批准程序：新憲法將改由各州人民特別遴選出來的代表批准，讓抗拒改革的州議會無法插手阻撓。[3]

要不是麥迪遜在抵達費城之前，便已殫精竭慮做好了萬全的準備，即使參與大會的代表人數眾多，仍然無法創造出如此面面俱到的一份文件。早在預定開會的一個月前，也就是一七八七年四月，麥迪遜便擬定了一份題為〈美利堅合眾國之政治體系惡習〉的文件，文中對於現行體制提出了審慎的批評和切實可行的解決方法。這可是他傾數月之力，鑽研大量文件，深入了解各種政府結構的優劣，甚至溯及古希臘時代，才獲得的精闢見解。麥迪遜在五月將這篇論文分發給賓州與維州代表，它不只成為「維吉尼亞方案」的骨幹，同時也是他在制憲大會中提出各項改革計畫的基礎。

制憲會議一直拖延到五月二十五日才正式召開，短短四天後，維吉尼亞州州長愛德蒙．藍道夫（Edmund Randolph）便提出了《維吉尼亞方案》。各方反應不一，有人熱烈支持，也有人震驚氣憤，但之後大會的所有辯論莫不圍繞著《維吉尼亞方案》打轉。現在大會有了一個全新的程序，大家不再辯論修正《邦聯條約》的合法性，而是聚焦在贊成或反對《維吉尼亞方案》所提出的理念。在接下來的幾個月的時間，各方做出許多妥協，但隨著日子一天天過去，《邦聯條約》早已被人拋諸腦後了。

事先備妥一套高明的程序策略

麥迪遜不僅在事前做了萬全的準備，最令人佩服讚嘆的是他看出談判的真正重點。一般人只知道要為談判內容做好準備，麥迪遜卻獨具慧眼，明白談判程序亦不可小覷，因為**程序攸關討論會在何時進行以及如何進行**。從麥迪遜重新設定討論的起始點，並在大會開始之前就串連志同道合之士組成聯合陣營，最能看出麥迪遜為制憲會議所做的事前準備有多周全。要不是他在事前就做足規劃正確程序的種種布局，制憲談判可能會走到一個截然不同的方向。麥迪遜還安排了另一個有利己方陣營的重要程序，亦即透過「禁聲原則」（gag rule），保護制憲代表的辯論不受公眾干擾。要是進行中的談判資訊早早就大量外洩，恐怕會影響部分代表，無法繼續進行有爭議的制憲工作。多虧了麥迪遜精心打造這些重要程序，否則制憲辯論可能會以極其不同的方式開始與結束。

談判的實質內容，是各方當事人想要達成**什麼**目標；而程序則是他們要**如何**從現在所處的位置到達想去的地方。我們從之前的案例得知，只重視談判的實質內容，卻輕忽談判的框架是危險的。同樣地，如果對談判的程序掉以輕心，就算對實質內容提出了高明的策略，效果也會大打折扣。以下是談判者需要思考並設法「染指」的談判程序：

- 談判會進行多久？
- 有哪些人會參與談判？以什麼身分參與？
- 議程表上會有哪些議題？討論的順序會是如何？
- 誰負責草擬初始提案？

- 談判是公開還是私下進行？
- 程序會在何時對外公布？以什麼方式公布？
- 當事人或議題很多時，談判會是單軌逐一還是多軌同時進行？
- 所有當事人會齊聚一堂討論嗎？
- 談判是面對面進行還是借助視訊科技？
- 會安排幾次會議？
- 重大僵局或其他問題該如何處理？
- 會有局外人或調停者列席嗎？
- 談判有定下最後期限嗎？有拘束力嗎？
- 哪些里程碑有助於打造氣勢並使程序順利進行？
- 若談判結束時未能達成協議（無疾而終），當事人會在何時以及如何重啟協商？
- 交易（協議）必須經過哪些當事人的批准？要獲得多少支持才能通過？

以上提到的各項因素，大多在談判一開始就已經決定了。要不就是基於先例，或是某些當事人的行動，按照預設的程序進行。**但我們不一定要對預設程序照單全收，而是**

可以重新設定以獲取優勢。這就有賴於談判者預先評估所有的重要程序，並仔細盤算替代方案是否有助於促成談判，才能重新設定有利的談判程序。

雙贏談判

備妥一套高明的程序策略，如何從現在的位置到達你想去的目的地？思考哪些因素可能影響實質內容的談判？實質議題從何時開始談判？會如何進行？

執行程序也不可輕忽

本章所舉的美國制憲案例顯示，程序的重要性甚至延伸到會議結束之後。美國憲法之所以能夠成功獲得各州批准，全拜特殊設計的批准程序所賜。按理，各州政府根本不可能願意支持新憲法所提倡的種種改革，而那些惡意中傷新憲法的人，肯定會指責制憲代表逾越權限、中央政府權力過大，以及個人的權利未獲得充分保護（這點後來是透過

《權利法案》予以補救）。

對於會令大多數局外人感到震驚的交易或協議，你要如何獲得足夠的支持呢？幸賴多項量身打造的批准程序，才替麥迪遜這幫支持新憲法的人（所謂的「聯邦黨人」）解了圍，並成功化解反對派的阻撓。其中最重要的一項利器，就是十三州當中只要九個州通過這部憲法，憲法即可開始在這些州生效（憲法第七條）。若是按照《邦聯條例》的規定，任何修正案（新憲法即屬此性）必須獲得全部十三州的一致同意。第二點，新憲法是由特別召開的大會批准，而非由現任的州議會為之。第三點，代表只能投下贊成或反對票，不可以提出修正案，或是要求修改條文。第四點，聯邦黨人以高明的策略，促使五個州迅速通過新憲法，讓其他仍在觀望的各州能放心跟進。不過聯邦黨人並非一意孤行，他們也對某些州做出實質讓步，同意在第一屆國會召開時，在憲法中加入《權利法案》，以換取他們的支持。要不是運用了正確的程序，聯邦黨人成功的機率真是微乎其微。如果新憲法仍需十三州一致通過，那麼根本未派代表出席制憲會議的羅德島州，肯定會否決其他所有人的努力。如果允許各州對不同版本的憲法進行投票，或是為了尋求讓步而重啟辯論，幾乎肯定會陷入僵局。同樣地，如果給予反對派人士更多時間集結，讓他們有機會對新憲法群起而攻之，此事的結果可能會大不相同。

雙贏談判

除了談判的程序需要規劃，執行的程序也不可少。你得想好如何確保談成的交易或協議順利執行？如何取得足夠的支持？如何確保交易或協議獲得批准？

事先了解所有觀點和說法

麥迪遜之所以能在整個制憲過程中運籌帷幄，是因為他明白成為會議室中準備最充分的人，能享有多大的力量。麥迪遜早在制憲大會召開的數個月前，就像學者般孜孜不倦地研究，並邀請維吉尼亞州的其他代表提早到達會場，一起草擬「制憲會議需要的一些文件」。喬治亞州的代表威廉・皮爾斯（William Pierce）如此描述制憲大會上的麥迪遜：「不管討論什麼，他都是懂得最多的那個人。」

各位不論是要參與複雜的商業談判，還是出席董事會、推銷商品、法律訴訟，或是教職員會議的升等討論，事先做好萬全的準備，就能有備無患。在上述任何一個場景中，有些人毫無準備就來了，另有一些人則是做了勉強過關的準備，還有些人則是什麼事都要發表高見。在一個真正重要的場合裡，你不會想成為上述任何一種人，你會想要成為像麥迪遜那樣的人，對於所有的事實都瞭若指掌，能夠預測其他人的主張與未說出口的想法，而且會仔細檢查己方主張的強弱。像這樣做了萬全準備的人，就比較不容易受人擺布或被人忽視，而且最能贏得大家的尊重。這樣的人最有能力塑造或重新設定談判程序，讓大家有效地展開實質談判。

雙贏談判

要成為會議室中準備最充分的人，必須對所有事實瞭若指掌，能準確預測他方可能提出的主張，並清楚了解己方的弱點。

在接下來的各章中，我們要更深入探討程序的重要性，並在處理與你切身有關的談判與衝突時，找出必須牢記心中的重要談判原則。我們將會看到，澈底搞清楚談判的實質內容固然重要，但若搞錯程序也可能損失慘重。我們將會在下一章中說明，除了仔細評估各項程序要素，最好能把它們變成先例。及早聚焦於程序，有時候可以幫你避免陷入僵局並爆發激烈的衝突。

第8章

先搞定程序再進入談判——不用怕投資者握手卻不成交

一九八三年還在草創時期的昇陽電腦公司（Sun Microsystems），其中兩位創辦人維諾德．科斯拉（Vinod Khosla）與史考特．麥克尼利（Scott McNealy），正忙著為公司籌募一千萬美元的資金。[1]他們經過仔細比較後，決定與《財星雜誌》（*Fortune*）上排名前一百大的某企業進一步接洽，因為他們不但獨具慧眼相中昇陽正在開發的技術，而且該公司財力雄厚，昇陽想要籌措的金額對他們而言猶如九牛一毛。[2]兩人與該公司的執行長面對面談過後達成協議，該公司同意投資一千萬美元，且投資後的估值（post-money valuation）為一億美元。[3]雙方握手為憑，並約好下週在芝加哥會面，敲定投資條款說明書。

當科斯拉與麥克尼利依約前往芝加哥，原以為只是要談妥剩餘條件的簡短會議，因為協議的內容大多是制式的標準條款。沒想到對方竟擺出十多名律師和銀行家的大陣仗，還宣稱整樁投資案要由他們重新談判，好像一週前的會議從未發生過似的。

對於眼前的狀況，科斯拉與麥克尼利只能推測是怎麼一回事；難道那位執行長並不認為雙方已經達成「共識」？或是這群大律師和銀行家想要證明，他們能談出更棒的交易？還是對方以為昇陽已經走投無路，因此可以任他們予取予求？

其實萬不得已時，科斯拉與麥克尼利的確願意接受比原先差些的條件，但是同意對方重新談判的要求，搞不好會在金錢與原則上都要付出極高的代價。這下究竟該怎麼辦呢？

堅持程序以維護權利

科斯拉回想當時他是這麼做的。「我連他們打算投資多少錢都懶得問，因為這條路我已經不想繼續走下去了，我立刻表明我們堅決維護程序的立場。」他告訴這一大群人，以為雙方已經講好某些條件，所以不想再重談一次。或許對方沒料到會有這樣反應，所以科斯拉願意讓他們自己先討論一下。他給對方的訊息基本上是這樣的：「我們上週已經講定了某些事情，現在應當從那裡接下去談。如果你們不想那麼做，那我們就得從更根本的地方開始談起。所以現在的情況，究竟是不是如我方所想的這樣？請你們先討論清楚之後再告訴我們。」

表明己方的立場後他們便離開會議室，把房間讓給這群人去商量。幾分鐘後他們再進來，發現一切沒變，對方認為相關數字需要進一步討論。

現在對方決定採取更強硬的路線，看來科斯拉與麥克尼利不可能輕易勸退他們。這群人似乎認為執行長在上星期談的條件太慷慨；要不就是他們不想在執行長與昇陽的面前太快讓步。這下科斯拉與麥克尼利有兩條路走，一是接受對方的條件以便完成交易，但科斯拉與麥克尼利決定走第二條路。他們告訴對方，他們很樂意從上週與執行長建立的基礎繼續談下去，如果今天不可能，他們願意空著手離開芝加哥。

一小時後，科斯拉與麥克尼利搭機返回舊金山。他們竭盡全力壓抑下打電話給那位執行長的念頭，要是對方真的清楚彼此的利益，實在不該為了錢而反悔。科斯拉回憶說：「投資估值對我方至關重要，我們希望能以最划算的條件籌措到資金，而且盡量不要稀釋我們的股權。那筆錢對他們根本是九牛一毛，實在沒必要搞這些小動作。失去這筆交易雖然會傷到我們，但還不至於置我們於死地，況且對方真的需要我們。」

冷處理策略奏效了，幾天之後執行長主動打電話給科斯拉，表明同意先前講好的條件。這次雙方順利簽字完成交易，再沒出現意外插曲。[4]

務必先談程序再談進入談判

是什麼原因導致這次衝突？其實不論是一般商業交易，還是錯綜複雜的商業談判，抑或是經年累月的嚴重衝突，當事人往往急於就實質內容談成協議，卻忽略了應該先對程序達成共識。誠然，程序與實質內容缺一不可，並無孰輕孰重之分。**但是重要的談判多半會優先考慮程序——先談程序再談實質**。

談判程序沒先搞定，下場可能會是如此：你已經與對方交涉數週，費了好一番工夫，眼看雙方就快要達成交易。這時你決定，對先前執意不讓的部分鬆口，而且還同意了對方諸多要求中的一項，希望能為成交補上臨門一腳。沒想到對方的回應居然是：「非常感謝你的彈性，現在我就去跟我老闆報告，看他怎麼說。」這下你可呆住了，心想：「什麼？你上頭還有個老闆？我還以為這樣就要成交了，我已經沒有別的籌碼可以讓利了。」像這樣令人「捶心肝」的錯誤，其實還滿常見的，而且就是因為談判者沒先講好程序，就開始談實質內容所致。

所謂「先談程序」指的是審慎評估預設程序（或其他當事人提出的流程），並在必要時設法重塑適當的程序。為了做好這件事，你必須提出問題、分享你們的假設與期待，以及設想如何從目前所在位置抵達目的地。我們該怎麼做，才能從這裡順利到達那裡？哪些因素會影響談判前進的速度與軌跡？若未能有效搞定程序，稍後恐怕會在進入談判實質內容時，出現新狀況。例如：在不當的時機做出讓步；或是提出考慮不夠周全的提議或要求；無法成功協調在不同軌道或管道上進行的談判；以及未能準確預見可能的阻礙，像是談判的最後期限、政治或官僚作業的阻礙，以及有人蓄意使交易破局。[5]

> **雙贏談判**
> 永遠要先談程序再進入談判內容。別忙著做出讓步或深入討論實質內容，而應先搞清楚談判程序，並設法加以影響。

彼此對程序的認知也要一致

但即便已經講好談判程序，並不表示事情就不會出錯。這是因為即便一開始大家已經對程序達成明確的共識，但有時候當事人對於目前已經談到了哪裡，看法未必一致。舉例來說，其中一方當事人以為快要成交了，因此不該再對其他選項三心二意，但對方卻認為此刻還可以貨比三家，昇陽電腦的案例即是如此。衝突的癥結點與其說是投資金額的多寡，倒不如說是雙方對於已經談到什麼地步缺乏共識，因此昇陽的確不必為了爭取這筆投資，而做出更多讓步。科斯拉到現在仍舊不明白，當時那位執行長究竟為什麼態度不變，但不論他是想要再逼昇陽做最後讓步，抑或只是不認為雙方之前已經達成協議，這個案例都讓我們學到一個重要的教訓——當事人最好趁早且經常確認，彼此對於談判的進程看法是否一致。

雙贏談判

當事人對程序的認知不一致，有可能使談判走偏。務必要趁早且經常確認，雙方對於已經達成的目標，以及未來該怎麼走，想法是否一致。

如何沒有設定程序也能談出好結果？

截至目前為止，我們都是假設你有能力，按照自己的喜好打造談判的程序，但事實可能未必如此。不過從過去經驗得知，即便你無法塑造程序，只要釐清如何達成協議，並取得對方會遵守程序的承諾，還是可以獲得很多好處。此舉不但有助於當事人談出更令人滿意的結果，還可避免談判者在缺少籌碼無力改變程序的情況下，採取錯誤的策略與戰術。

這個道理適用於所有類型的談判。現在我們以銀行出售資產（例如：一家公司）為例，銀行在設計談判或拍賣程序時，有權決定各種條件（例如：投標的次數、投標人被取消資格的條件、會發布哪些訊息以及何時發布）。如果我是銀行的談判對造，即便我不大可能影響他們的程序策略，還是應該盡力釐清整個拍賣程序，並使對方承諾不會隨意更改程序而損及我的權益。同樣地，雖然業務人員或是媒合交易的掮客，根本沒機會影響程序，但他們還是應該摸清楚客戶如何做出購買或合夥的決策，才不會讓自己處於劣勢。可惜的是日常生活中有很多狀況，其實很容易就可以從中取得關於程序的有用資訊，但一般人卻平白放棄大好機會。例如：求職者沒有搞清楚，雇主需要花多少時間才能決定僱用與否；或是委託人沒弄清楚，房屋裝修應該可以在多少天內完工，以及哪些因素可能延誤工期。

雙贏談判

即便你對程序的影響力有限，還是應該盡量將整個程序弄得一清二楚，並設法讓對方承諾一定會遵守程序。

一開始就要講清楚程序

如果沒跟對方講好（或是沒搞清楚）程序該怎麼進行，之後恐怕會被他們牽著鼻子走。而且不只你要搞清楚整個程序，對方也必須跟你有相同的認知才行，如果對方不清楚，到時候倒楣的人很可能是你喔。為什麼會這樣？如果各位曾經目睹或參與充滿敵意的仲裁或調解程序，就會明白我所言不虛。經驗老到的調解者或仲裁人，通常會在調解程序開始便發出以下的警語：

大家是不是覺得今天已經夠討厭對方了？未來數週我們會一起解決一些難題，但從過去的經驗，調解程序開始後，只消過個三天，你們就會恨透對方。到時候請各位記住：這樣的情況是正常的。

為什麼調解員要對起爭執的配偶、鄰居、生意夥伴說這番話呢？請各位想想看，如果調解員沒把醜話說在前頭會怎樣。進入調解程序才沒幾天，兩造當事人間的緊張情勢就不斷升高。之前雙方可能為了避免大吵而避談某些重大問題，但現在隱忍多時的怒氣終於壓不住而爆發出來。所以他們會覺得，情況非但沒好轉反而還更糟了，並且埋怨：「這個調解根本沒用！」最後甚至考慮退出調解。但如果調解員事先就告知雙方，會感覺焦慮與不滿是正常的，如果不打破砂鍋吵到底，真正的問題就無法解決，他們很可能就一直糾結在程序上。

所有談判者都該把調解員這套戰術學起來，遇到未來不知該怎麼走下去的棘手談判時，談判者必須做的重要事情之一，就是替對方「把程序正常化」；也就是讓對方預先知道，未來數天或數週，甚至數年的情況，包括好事與壞事。如果你沒能讓大家對未來狀況「有個底」，當事態頭一次惡化時，他們就會質疑你的能力或意圖，甚至質疑程序的可行性。我曾在管理不善的銷售週期，或是共同創辦人之間的早期討論，或是跨文化的交易談判，乃至於政府與武裝叛亂分子之間的停火談判，親眼見到前述問題的發生。不論是上述哪一種情況，談判本身就已經夠棘手了，如果當事人又對未來抱有錯誤的期待，麻煩程度可想而知。若能夠「把程序正常化」，事先釐清哪些事情可能會干擾或延誤程序，哪些意外的障礙是無法避免的（但可以補救），以及為什麼事情的發展會偏離計畫，對方就比較不會做出失控的反應。

「把程序正常化」，不僅能安撫對方當事人，同時也能讓己方陣營安心。如果你仔細盤算過，現在投入的資源未來必會獲得回報，或是為了稍後取得全面的勝利，必須先犧牲眼前的進展，你就必須教育己方陣營的利害關係人；投資金主、董事會成員、員工、選民、盟友、媒體、大眾、粉絲，告訴他們你在做什麼，以及你為什麼要這麼做。讓他們了解談判程序的現況，與未來想要到達的目標之間，是什麼模樣以及感覺如何。這是十分重要的，即便是最高明的策略，也可能遭到有心人士的攻擊和詆毀，談判者若無法讓利害關係人明白他們會經歷哪些過程，恐怕會害自己的日子更難過。

雙贏談判

把程序正常化。讓其他當事人對談判抱持正確的期待，他們才不會對過程中出現的疑慮、延遲與干擾，反應過度或是大驚小怪。

讓對方也想程序正常化

幫對方把程序正常化固然重要，請別人替你把程序正常化同樣重要。談判時若未討論到預期的問題，對大家都沒好處。你在與大眾、組織、文化或國家談判時，如果對方已經讓你預知會有哪些常見的干擾，那麼即便你遇到不好的事，也不會火冒三丈。再者，如果你已經預先知道某些潛在問題，或許就能提出一些良方，減少這類事件發生的可能性，或設法降低可能造成的損害。

要對方討論這些議題不一定很容易，人們之所以不願意面對即將到來的潛在問題，是因為在雙方簽字完成交易之前，每個人都處於「銷售模式」。不論是業務員、求職者、雇主、外交官，但凡是想跟對方合作的人，莫不想讓事情看起來一帆風順。他們可不想花太多時間，說明事情可能搞砸的各種狀況，以免砸鍋了成交的機會；更何況競爭對手未必會像他們那樣實話實說。這也就是為什麼你應該鼓勵大家，坦誠地討論交易過程中可能有哪些事情會出錯。以我的經驗為例，你愈是能讓別人相信，你是「見過大風大浪的人」，所以你很清楚，曠日廢時的談判與真誠往來的關係中，難免會出現各種干擾。大家先把醜話講在前頭，非但不會使雙方的合作告吹，反而更能促成交易，因為你更能與對方展開有建設性的對話，並在日後讓彼此都獲益。

雙贏談判

鼓勵其他人替你把程序正常化，而且要保證他們這麼做是安全的。

拒絕澄清或承諾也是一種表態

儘管你要求對方釐清或是討論可能浮現的潛在問題，對方不一定會照辦，但即便對方拒絕回答某些問題，你也可以從中解讀出某種訊息。例如：對方不願意回答關於程序的合理提問時，你就應該搞清楚，那究竟是出於惡意，抑或只是沒準備，或是他們還在考慮其他選項。這最起碼可以讓你在與對方磋商時提高警覺。

雙贏談判

要求對方澄清或承諾是值得一試的，就算對方拒絕你的要求，至少能確定，對方既不想承諾也無意照辦，你才不會一廂情願地以為程序會按照想要的方式進行。

盡量降低對方反悔的可能性

另外還有一種風險，你的談判夥伴雖然把程序交代清楚，也承諾會遵守程序，但後來卻食言了。即使身經百戰的談判老手都曾遇過這種窘境；但我也發現，即便是難以排解的爭議，重視信譽的君子還是會言出必行。對方未履行承諾，多半是因為(a)承諾並非由現在拒絕兌現的這個人所許下的；(b)當初並未明確表示；(c)使用含糊的措詞，以及／或(d)並非公開做出承諾。因此在要求對方承諾時，要盡可能避免上述情況，即便是還算正派的對手，當誘因改變時，也難免會反悔。千萬別讓他們能夠理直氣壯地拿上面四種情況做為改變心意的藉口。

雙贏談判

當對方公開親口說出措詞明確的承諾，就比較不會食言。

對方反悔時，該調頭走人嗎？

雖然你已經盡力防範，但對方還是食言了，該怎麼辦呢？當你覺得對方違反程序，該如何因應？雖然昇陽的募資談判最後順利落幕了，但是當對方違反程序時，是否該取消談判？或是如何趁機以退為進？

有時候，別急著把對方「定罪」，然後當場調頭走人。這時應該查明是否只是彼此的看法不一致，並設法消弭歧見。說不定對方並非真心想要違約，而是遇到其他壓力或限制，導致他們不得不違約。但即便對方的確是故意違約，甚至是早有預謀，如果調頭走人的損失太大，或是以程序不當為由，可能導致衝突升高，這時你就應選擇繼續跟對方在談判桌上解決爭議。

現在就來仔細檢視昇陽的做法，當做以後若遇到對方違反程序時的應對參考，決定該認命接受還是挑戰對方。首先，昇陽相當篤定雙方已經在上週達成共識，所以對方現在的行為是不適當的。其次，昇陽對於己方帶上談判桌的實質內容胸有成竹，不認為有必要再討好對方。第三點，他們以信守原則為由暫時中止談判，表明己方並不是不滿投資金額而喊卡，而是為了信守程序。最後一點，昇陽的談判者並未逕自調頭走人，而是清楚表明，他們願意在什麼樣的條件下恢復談判。昇陽沒有為了給對方臺階下，而主動致電對方並恢復談判，我完全贊同這樣的做法。不逼迫對方在接受你的要求與保住面子兩者擇一為之，才是上策。遇到像這樣的情況，即便是一**些微不足道的小動作，都可能有助於解決僵局**。例如：表示稍後會再打電話確認，或是在談判風格或結構上做出小讓步，都可以給對方有個改變立場的藉口。

在你以不符程序為由暫停往來之前，必須先考慮以下五個重點：

- 我們能確定對方違反程序嗎？還是對方的做法情有可原？
- 我們帶上談判桌的價值夠吸引人嗎？對方了解這一點嗎？
- 我們的作為合乎情理嗎？
- 我們有告訴對方如何挽回嗎？
- 我們是否給了對方重回談判桌的臺階下？

雙贏談判

對於上述這些問題，你能肯定回答的題數愈多，那麼挑戰對方違反程序的成功機率就愈高。

在你因為對方違反程序而調頭走人之前，請先想想：(a) 對方是否認為自己違反程序？(b) 各方的損失有多少？(c) 你的做法合乎情理嗎？(d) 對方知道該怎樣亡羊補牢嗎？(e) 他們怎麼做才能保住顏面？

保留適當的轉圜餘地

這並不表示你應當期待或甚至要求，前方的道路一定要被清楚地標示出來；有時前方道路不明確，是因為初期的能見度不佳，必須等到開始談判實質內容之後才得以釐清；還有的時候，則是因為有人不能或不想承諾，一定會遵守一個缺乏彈性的嚴苛程序。不論雙方是出於以上哪一種考量，都應該給予應有的尊重，並確保彼此不會糾結於此，非要定出一個毫無轉圜餘地的程序，而延誤了實質內容的進展。不過我們還是要努力確保，每個人都盡可能以相同的步調，朝著相同的方向前進。科斯拉回想起，他從昇陽草創時期的募資談判中學到的寶貴教訓：

我現在學會了，要更注意大家對於程序的認知是否一樣。如果認為彼此已經達成協議，但對方卻不這麼想，那我們就是重蹈覆轍，又犯了跟芝加哥那回的相同錯誤。還有在談判初期，我們還想追求其他選項，這時就應該別急著把話說死，保持含蓄或非正式的態度，甚至不一定非要達成共識不可，才是上策。但不管是哪種情況，你都必須搞清楚各方當事人在程序裡的哪個位置。[6]

雙贏談判

我們不可能也沒必要承諾，一定會遵守一個嚴苛的程序。但如果程序是有彈性的，你要確認所有當事人會遵守到什麼程度。

有鑑於程序的重要性，我們有必要探討，為什麼當初會採用錯誤的程序。有時候那並非出於我們的選擇，而是因為之前做了糟糕的決定，導致現在起了衝突，而不得不接受那樣的後果。抑或是我們原本抱持想要打造正確程序的好意，卻意外擦槍走火。所以下一章我們就要來探討，如何預測這些潛在的問題，並運用適當的原則解決問題。

第9章

程序出錯時也要維持談判動能——冰球球員調薪總要玉石俱焚

各位可知道，國家冰球聯盟（NHL）的薪資集體談判，與心臟手術有何不同？提示：其中一個是發展成熟且程序明確的醫療行為，另一個則是既漫長又痛苦的過程，而且付出高昂的代價也不保證一定能解決問題。

算一算本文撰寫的時間，距離上一回NHL勞資雙方和平達成協議，已經超過二十年了。近期的談判常以停工揭開序幕，不論是資方（球團老闆）主動下令封館（lockout），還是勞方（球員）宣布罷工，都會造成嚴重的經濟損失。以二〇一二～一三年的談判為例，資方在球季一開始便下令封館，暫停所有比賽直到雙方達成協議。結果這一停就是四個月，將近一半的賽事都取消了。一九九四～九五年的談判，也曾發生過類似狀況。不過情節最慘重的恐怕要數二〇〇四～〇五年的談判，由於雙方始終無法談妥條件，因此封館時間超過十個月，整個球季一千二百三十場比賽全數「泡湯」，並造成二十億美元的營收損失。每次球團下達封館令，媒體都會臆測談判最後誰輸誰贏，幾次下來逐漸形成某種模式：合約簽署的當下，贏家看起來通常是球團，但是幾年後複雜的簽約條件公開，大家才發現，其實球員並沒吃虧。

不過也有例外情況，一九九二年的爭議，球員僅僅罷工十天，從四月一日停工到四月十一日，而且球員提出的要求幾乎全數獲得應允。這堪稱是NHL，甚至是所有職業運動史上，時間最短卻最有效的停工！這次停工有何不同？為什麼這次衝突這麼快就結束？為什麼球員能贏得這麼漂亮？

談判時機也是一種戰術

一九九二年的那次談判，勞方並非在組織或談判技巧上，有什麼了不得的表現；事實上，談判結果跟雙方如何進行談判，幾乎扯不上任何關係，而是在於開始談判的時機。球員使出的戰術，要說是老謀深算也行，要說是奸險狡詐也對，端視你從哪個角度來看。這次他們不是選在十月球季開始的時候罷工，而是等到對球團殺傷力最強的時候才罷工。之前雙方雖然還未簽署薪資協議，但球季仍如期開打，談判期間比賽也照常進行。但等到正規賽結束、季後賽即將開始的四月，球員就罷工了，這讓他們有了很大的談判籌碼。簡單來說，球員在整個球季領薪水，但球團的獲利卻有一大部分來自季後賽的營收，因此當球員以季後賽停工做為要脅時，球團的損失會相當慘重。結果如何？球員得到了他們要求的一切。

經過一九九二年的慘痛教訓後，球團老闆也學乖了，他們不想再陷入任人宰割的窘境，所以之後只要到了該談判集體薪資協議的時候，球團老闆就先發制人，在球季一開始就下令封館。[1]但這種玉石俱焚的做法，結果就是兩敗俱傷。搶在季後賽開打之前罷工，在一九九二年看來或許是一記高招，但這種絕招只能用一次。該次罷工不但是NHL成立七十五年來的頭一遭，[2]而且也立下了一個迄今從未被打破的毀滅性先例。

想維持談判的動能，就要設法消除障礙

不論是很久很久才能解決的長期衝突，還是未來必須再度交手的當事人，都必須維持繼續談判的動能；也就是想方設法逐步消除障礙，使談判有所進展，並營造最終能夠達成協議的狀態。但就像NHL的案例所示，人們常會被誘人的短期利益所迷惑，而犧牲繼續談判的動能。換言之，即便明天就可以得到適度的進展，也難敵今天就想要「談贏」的欲望。

談判者想為己方陣營爭取最好的交易，本是天經地義的事。但若是因此不惜打破長

期存在的規範或行為，甚至違反彼此之間的共識或默契，或是認為「為達目的本就可以不擇手段」，這種行徑在向來講求團結合作與中庸之道的環境裡，就會產生問題。這種利欲薰心的談判者，不會殫精竭慮使談判有所進展，而是專幹一些會招致報復，且有違互助合作原則的勾當。

這種情況不僅出現在體育界或政治圈，在商場上更是屢見不鮮。我就曾目睹許多談判者，明明已經跟對方談好一樁交易，但一有人提出更優渥的條件，就立刻反悔並回過頭來要求更多好處。例如：有位新創公司的負責人，原本已經跟創投金主談好一筆投資，而且雙方也握手表示成交，但在別人提出更高的金額時便翻臉不認帳。這種見利忘義的行為不僅得罪了創投金主，同時也立即傳遍創投圈。還有一位掮客，則是欺負剛合作不久的委託人，趁對方還搞不清楚狀況的時候占其便宜。

類似情況在外交談判中也時有耳聞，我們以哥倫比亞內戰為例。哥國這場戰爭之所以久久無法解決，持續長達半個世紀，其中一項重要因素，是叛亂的左派游擊組織「哥倫比亞革命武裝力量」（Revolutionary Armed Forces of Colombia，簡稱ＦＡＲＣ），原本打算在一九八〇年代透過參與政治程序逐步解除武裝，嘗試從體制內進行變革。不料，在ＦＡＲＣ所組成的政黨「愛國聯盟」（the Patriotic Union）剛在選舉中嶄露頭角時，準軍事團體及隸屬於政府的保安部隊，卻狙殺了數百名愛國聯盟的成員、代表與當選官員。自雙方開始談判以來，每當政府要求FARC先解除武裝才能參政，FARC都不願照辦，使得雙方更難打造一個讓FARC解除武裝的程序。在這類衝突中，我們經常看到，雙方當事人為了顯示自己有比對方更勝一籌的談判籌碼，屢屢採取急功近利的做法，以暴力鎮壓相對溫和的反對團體（例如：哥國政府的作為），趁機發動恐怖攻擊（叛軍的犯行），或是違反人權與停火協議（雙方各打一大板），這些作為對於雙方日後是否能夠（以及在何時）重新展開有成效的談判並達成和平協議，往往會產生不利的長期後果。毫無疑問，這些行為通常是那些想要破壞談判的有心人士，以及反對透過外交途徑解決哥國內戰的極端分子所為。不過某些好大喜功的傢伙也難辭其咎，他們為了追求短期的勝利與優勢，往往無視於和平已然在望，不惜犧牲好不容易才獲得的進展。

雙贏談判

維持繼續談判的動能。在耍花招獲取優勢之前，請先想想：此舉會如何影響我方在未來談出豐碩的成果？

慎選可以擁有否決權的人

短視近利並不是談判者犧牲續談動能的唯一原因，就以多邊會談為例，原本是出於善意想要讓大家達成共識，卻有可能阻礙了談判的順利進展。想讓每個人都同意，要不是非常困難，要不就是代價太高，搞不好最後還為了尋求共識，而錯失一樁可行的交易。就拿職業運動的勞資衝突來說吧，牽涉到的不只是談判雙方而已。當紅的人氣團隊，跟表現墊底的隊伍，兩者的考量肯定不同；賺錢、不賺錢團隊，獲利並不一樣；球星、一般球員，吸金力肯定有差。你要如何確保每個人都對談判結果感到滿意？在談判商業合夥關係時，對於你帶上談判桌的價值，有些人相當重視，但也有人不當回事，或甚至視為負值。如果任何人都有權阻撓結盟，你該怎麼做才能達成一筆皆大歡喜的交易？想要籌辦全員團聚的家族，或是正在籌劃婚禮的未婚夫妻，旁邊都會有一堆人有權或想要表達意見，這時候就得好好思考，是否應該讓每個人都享有否決權。

共識當然有其優點，不論是協議或決定，能獲得全體的一致支持，是很吸引人的一件事。但享有否決權的人愈多，你就愈不容易架構出一筆人人滿意的交易，因為總是「僧多粥少」呀。為了要讓所有人一致同意，結果造成凡是未講定的事情，都必須加以妥協，這種急就章式的協議，往往瞻前不顧後，只顧解決眼前的問題，卻不管日後可能要付出慘痛的代價。《邦聯條款》不就是前車之鑑？共識還給了有心人士「挾天子以令諸侯」的機會，那些握有最終否決權的人，往往會趁機獅子大開口，對別人予取予求。

雙贏談判

勿因執著於全體一致同意，而達成瞻前不顧後的交易。擁有否決權的人愈多，打造交易的自由度就愈小。

達到足夠共識原則就行了

由於追求共識有可能減緩談判進度，並干擾繼續談判的動能，所以當事人很多的大型談判，通常會採取足夠共識原則（sufficient consensus）。每個提案只要達到「夠高」的接受度，例如：獲得八成當事人的支持，以及六成的個人同意票，談判就可以繼續下去，而不須要求每個人都投同意票。諸如國際性的氣候談判、和平進程，乃至於一國憲法的通過，都是引用此一原則。這麼做是為了避免少數人藉故拖延程序，或是阻撓達成最後協議，所以必須降低某些議題的過關門檻。這個原則同樣適用於商場；雖然某些情況的確需要獲得全體一致同意，而且也是可行的，但如果衝突不小，領導者不妨表明，自己只想聽聽大家的看法，並不要求全體一致同意。這麼一來，不僅可避免一事無成，也比較可能落實領導者的想法。

雙贏談判

複雜的交易與遲遲無法解決的衝突，為了避免有心人士從中作梗，最好改採足夠共識原則，而不要強求全數通過。

過程寬鬆，決議嚴謹

萬一，不管基於什麼理由，最後協議一定要全體當事人一致同意，該怎麼辦呢？方法就是最後協議之前的所有討論，都採用足夠共識原則，以維持繼續談判的動能。換言之，在協商臨時性的協議，或只是草擬最後協議的個別條文時，只要獲得「足夠」的支持即可，以使談判能繼續進行。因為在談判結束時，所有當事人還是可以對最終的協議，投下贊成或反對票。如果是在有爭議的情況下進行談判，那麼我會建議大家掌握一個原則：過程寬鬆，決議嚴謹。這個原則可以提醒大家，雖然談判桌上的每個人，都可能對某些部分感到不滿，甚至憎惡，但也不應就此打斷談判的進行。不妨繼續談下去，等最後再來評斷，是否寧可破局也不願接受最終協議，這樣才是比較明智的做法。

雙贏談判

對於交易裡的個別要件，不必斤斤計較，以利談判繼續進行，但對於最後協議則應嚴加把關。

所有細節都談妥才算真正談妥

之前我們曾提及，同時談判數個議題，會比一次只談單一議題來得好，這在當事人之間互信不足時，可以確保大家在某部分的讓步，能換得對方在另個部分的讓利。不過某些特別複雜的談判，並不一定能夠同時討論數個重要議題，就以和平談判為例，不同的議題（解除武裝、經濟改革、政治參與）可能相隔數個月才會討論到。至於大型的國際協議，不同議題則可能必須透過個別管道來討論。即便是商業談判，不同的要件，往往會由專人在不同時間進行協商。這時談判者可能會擔心，在其他面向的結果未卜前，便對某個部分表示願意讓步或提供彈性，恐怕風險太高。為避免這個疑慮阻礙進展，可以要求所有當事人明確表示，同意採取「所有細節都談妥才算真正定案」的原則；亦即在全體一致同意之前，任何一方的口頭表示、暗示或提議的事項，沒什麼是不能改變的。這樣的安排，能讓大家暢所欲言，腦力激盪出各種解決方案，並在比較祥和的氣氛下，對交易的某些部分進行實驗。這讓當事人知道，在交易或談判正式定案前，他們可以在此一原則保護下，撤回部分提案或是已經給出的讓步。

雙贏談判

「所有細節都談妥才算真正定案」原則，能讓大家的讓步受到保護，避免議事癱瘓。

避免議事過程見光死

外交人員與斡旋者常基於類似的邏輯，決定進行閉門（密室）談判，以免消息過早曝光。雖然透明公開跟尋求全體共識一樣，具有不少優點，但是對於棘手的談判，把雙方你來我往討價還價的細節公開，通常是弊多於利。在取得一定能夠達成最後協議的保證之前，即便是私下討論，談判者都不敢輕易鬆口表示願意妥協。要是在前途未卜的情況下，把他們的每個聲明、讓步或提案都公開，肯定會令談判者承受巨大的壓力，搞不好還會被批評態度軟弱或背叛陣營。所以當各位遇上棘手的談判時，切記公開透明的代價極高，而且有可能阻礙進展。

當雙方還在討價還價時，談判者應盡量保持低調隱密，等最後協議再予以公開，好讓利害關係人有機會決定他們是否要支持。當年美國《憲法》起草前的協商就是如此，北愛爾蘭的〈和平協議〉，NFL與NHL的集體薪資談判，都是採取相同的做法——盡量減少媒體報導與避免消息走漏。這也是為什麼政府與武裝叛軍的初期談判，也都不敢張揚，必須累積到足夠的動能，才能對外公開。和平進程是絕對不會在談判首日就宣布的，且幾乎一定要透過非正規管道，打造協商的基礎。談判在一開始就破局的可能性特別高，所以政府與叛軍多半不敢冒險讓各自的人馬知道，雙方正嘗試透過外交方式解決衝突。唯有獲得明確的證據顯示，雙方皆有意願且有能力展開談判，並達成協議，他們才會讓消息曝光。

雖然我們能夠理解，利害關係人非常希望整個談判過程都能透明公開，但如果你是真心想要透過談判方式，解決拖了很久的長期衝突，就千萬要體諒談判者的處境。當然談判過程必須確保各自陣營的人，有權決定最後是否要接受談判者達成的協議，但前提是要給談判者應有的空間，好讓他們能夠架構出最棒的協議。

討價還價的過程如果對外公開，恐怕會阻礙談判的進展。請給予談判者應有的隱私，他們才能談出令人滿意的交易；至於是否要接受交易，則留待各自陣營的人馬決定。

維持繼續談判的動能可以提醒我們，我們使出的談判戰術與程序選擇是否高明，要看它們是否有助於我們在未來數天（或數月或數年）獲得進展。我們從諸多案例中學到，談判者若急於一時的獲利或是只顧解決眼前的問題，有可能犧牲了進展。但急功好利型的談判者，犧牲的可能不只是眼前的談判，他們即便與對方達成協議，仍可能使衝突在日後更加惡化，或是削弱大家解決衝突的能力。

一般人通常不會想到，今天所做的行為會對未來的談判能力，產生什麼樣的影響。究其原因，或許是因為資源（時間、注意力、籌碼）有限，使得我們對當前的交易，採取瞻前不顧後的短視觀點。但是歷史清楚地呈現，不管是體育圈、商業界、國際關係還是私人關係，今天爆發的衝突，常源自我們在過去談判中的作為與達成的協議，高明的談判者會謹記這點。下一章就要來探討，即便遇上了非常棘手的衝突，也要設法為雙方日後的往來，設定一條更好的路線。

第10章

切勿離開談判桌——結局大不相同的兩次和平會議

第一次世界大戰（一九一四～一九一九）曾被世人比喻為「終止所有戰爭的戰爭」，但其實說它是「忘了記取所有戰爭教訓的戰爭」才更為貼切。因為當我們檢視導致戰爭爆發的災難性決定，以及戰後所簽訂問題重重的和平協議，都會發現未記取戰爭教訓將帶來怎樣的悲劇性後果。一戰結束時在巴黎召開的和平談判，犯下了諸多錯誤，尤其是對戰敗的德國所做的處置，很可能就是導致德國挑起第二次世界大戰的重要原因。當然我們這種以今非古的評論只能算是事後諸葛，當年的戰勝國要是知道後果會是如此，肯定會談出更圓滿的和平協議；不過他們其實是心知肚明的，只可惜無能為力罷了。

在第一次世界大戰爆發之前，歐洲大陸曾享有一世紀的太平歲月。這段期間當然還是有衝突發生，但幸好都未演變成死傷慘重的多國長期交戰，這多少得歸功於結束戰事的談判。拿破崙率領大軍東征西討的行動在一八一四年結束，獲勝的英國、俄羅斯、普魯士與奧地利，齊聚維也納決定戰敗國法國的命運；[1]一百零五年後，英國、法國、美國以及義大利的談判代表齊聚巴黎，決定德國的命運。這兩個案例中的戰敗國，都必須對戰爭造成的損害負起賠償責任，而且和平條款的大部分內容，幾乎都是戰勝國說了算，戰敗國極少有討價還價的餘地。不過這兩次和談至少有一項重大差異，因而產生截然不同的結果。

一九一九年的戰勝國談判代表，為何無法像一八一四年的老前輩們，成功避免戰後再起動亂？到底該如何做，才不會因為不當的行徑與不信任，再度引發一場毀滅性的大戰？

主動改變取得支持

根據維也納會議（以及稍早在巴黎簽訂的一項條約），雖然法國必須放棄近年來四處征戰獲得的土地，但仍得保有她在一七八九年法國大革命時擁有的廣大領土。法國雖是侵略者，不過一開始各國並未向法國索賠，是因為擔心龐大的負擔使法國變弱，導致日後法國又去侵略其他國家，或是其他國家覬覦想要征服變弱的法國。沒想到拿破崙在一八一五年從放逐地逃脫，並且居然再啟戰端。當法國第二度戰敗後，各國不再寬待，要求法國必須賠償全部的戰爭損失。[2]但值得一提的，在法國洗心革面後，歐洲各國便不計前嫌，在一八一八年邀請法國加入當時的國際社群——歐洲協調（Concert of Europe）。歐洲協調的多邊會議架構，與直到下個世紀才出現的聯合國或歐盟，型態最為接近。[3] 法國雖然曾經是掀起戰爭的罪魁禍首，卻仍能在歐洲協調的會議桌上占有一席之地。

相形之下，對於在一個世紀之後掀起第一次世界大戰的德國，盟軍的處置手法可就沒有這麼高明了。由於法國與德國早有嫌隙，至少從一八七〇年的德法戰爭後，雙方就埋下了很深的敵意與不信任。此番新仇加上舊恨，使得法國在和談期間帶頭攻擊德國。[4] 最後德國不但在軍力上受到嚴苛的限制，還喪失了八分之一的領土與十分之一的人口，以及在歐洲以外的所有殖民地。

我們可以從其中兩個關鍵條款，了解德國受到的懲處：其一是第二三一條所謂的「戰爭罪行條款」，要求「德國必須對其本身與盟國因為侵略行為所造成的全部損失負責」，德國必須賠償的金額，換算成現今的幣值將近五千億美元，比法國在一八一五年賠償的戰費還超過很多。但是第二項決定的後果，在象徵意義上與實質意義上，都更為嚴重，即禁止德國參與國際聯盟，也就是聯合國的前身。

當時德國的外交部長布拉克德夫—朗茲奧（Ulrich Graf von Brockdorff-Rantzau）形容《巴黎條約》的內容簡直是：「令德國名存實亡。」[5]

建立能夠解決殘餘衝突的程序

姑且不論德國是否有能力賠得起，但巴黎條約對德國的嚴苛處置，的確種下了日後衝突的種子。不過我們若是比對法國在拿破崙戰敗後的案例來看，就會明白光是要求鉅額賠款，還不至於點燃未來的戰火。賠款加上其他懲罰措施，雖然會使未來爆發衝突的機率大增，但只要有適當的管道和架構，能夠以和平手段處理殘留的潛在衝突，大家就能夠相安無事避免開戰。所以懲處德國的錯誤關鍵並不在賠款，孤立德國才是更大的隱憂：巴黎和談的結果不但刺激衝突發生，同時還關閉了處理衝突的管道。因此維也納和談與巴黎和談的最大差別，就在於後者孤立敵人。

一八一四年維也納會議的談判代表，他們大多認為應放下過去往前看，所以比起懲罰戰爭的罪魁禍首，他們更在意的是預防未來再發生戰爭。他們在決定如何處置法國時，也考量到了後世子孫的和平與福祉，而不僅止於為當前的受害者討回公道。最值得一提的，維也納會議接納法國加入國際社群，打造一個既不會過於偏袒勝利者，也不會過度壓迫戰敗者的權力平衡系統，才讓歐洲有了一百多年的和平。但是一九一九年的巴黎和會，情況可就截然不同了。

雙贏談判

大多數談判難免都會留下殘餘衝突，應該建立適當的處理管道及程序，避免潛在衝突一觸即發。

離開談判桌後，仍要保持往來

不論是哪種形式的衝突，都存在著平常疏於往來的問題，因此當和平談判破裂，並引發武裝衝突時，人們多半會立即中斷溝通或談判，而不會力求保持溝通管道暢通，以利日後達成和平。這麼一來，即便未來出現了達成協議的契機，卻讓自己陷於對彼此了解與資訊如此貧乏之苦。平時若疏於維繫關係，未來想要達成協議會更加困難。體育界向來有此現象，某些談判者只有在談判新的薪資協議時才會打交道，而不懂得在合約存續期間建立互信。美國與伊朗近期的核武談判進展遲緩，就可歸咎於數十年來雙方鮮少互動。有些業務員也是「無事不登三寶殿」，成交（或推銷失敗）後就不見蹤影，一直要等到有新的業務才會再露面。

其實不論是否有交易或賺錢的機會，都應該與客戶保持一定的聯繫，才是比較明智的策略。特別是在談判「破局」之後，彼此間的關係很自然會開始惡化、信任不再，並且加深彼此觀點的分歧。此時唯有持續保持往來，才能維繫與各方關係不墜，從而釐清所有當事人的利益與限制條件出現了哪些潛在的變化，才好探索重新談判的可能性。再者，當雙方不是在進行實質的談判時，反而是比較容易取得資訊或建立信任的時機，因為此時不必擔心分享資訊會在談判時讓對方占到便宜。所以我會建議想要媒合交易的人，應努力與對方保持往來，因為說不定有一天你們會達成更棒的交易，或是讓原本破局的交易敗部復活。

雙贏談判

在談判失敗之後，仍需要與對方保持往來，了解對方的觀點，並尋求再度交手的機會。

不上談判桌就等著上供桌

其實當年參與巴黎和談的許多代表都曾表示，他們很擔心該次會議種下了未來開戰的種子；只有法國代表不這麼想，其中有些人甚至覺得懲處太寬容了。當時英國的韋維爾伯爵（Earl Wavell）即曾嘲諷巴黎和會是：「在『以戰爭終結戰爭』之後，他們似乎非常成功地在巴黎達成了『以和平終結和平』。」[6]明明大多數代表都懷著忐忑不安的疑慮，為什麼還是會談出這樣的條約呢？

其中一個重要的原因，就在於德國幾乎完全被排除在巴黎和談之外；但一八一四年的維也納談判，在法國外交官特列杭（Talleyrand）的折衝尊俎下，戰敗的法國雖然沒辦法像戰勝國那樣「大聲講話」，但至少是打從一開始就有機會上談判桌。一九一九年的談判，正因為在草擬條約時缺少了德國的觀點，才會一面倒地做出對德國不利的協議，整個談判過程完全沒有任何力量制衡法國的要求。坐在談判桌上的人會忽略，甚至剝削未出席者的權益，這並不令人意外，外交與政治圈裡流傳已久的一句話堪稱一語中的：「上不了談判桌就等著上供桌。」（If you're not at the table, you're on the menu）德國就是這樣在巴黎和談中任人宰割，而淪為開胃菜、主菜及甜點。

這個道理適用於所有類型的談判，就拿美國職業運動的薪資集體談判來說吧，勞資雙方通常會僵持數個月，死都不肯做出任何實質的讓步，但最後雙方的立場終究會鬆動。請各位猜猜看，他們最先做出的讓步會是什麼？即便是完全不懂體育的門外漢，也都能準確猜中，勞方這邊做出的第一個大讓步，就是菜鳥球員的薪資與合約。為什麼菜鳥球員的利益，會成為集體議價祭壇上的第一份牲禮呢？就是因為他們沒上談判桌。

雙贏談判

不上談判桌就等著上供桌。

沒位子也能發揮影響力

高明的談判者會盡一切力量，在談判桌上喬到一個位子，如果做不到，也會設法透過別的管道影響談判。以二〇一一年的NFL談判為例，已退休的球員在談判中並無投票權，但是他們可以透過媒體持續報導退休球員的健康疑慮，來影響NFL球員工會和聯盟。總而言之，如果你在實質談判中沒有正式的角色，就要想辦法影響那些有掌控權的人；你若能從外圍幫他們，他們就能在談判中幫你。或是像前述的退休球員，透過談判以外的管道，影響正在進行的交易。如果那些有資格上談判桌的人，在談判的過程中（或是在交易候批、推銷交易的當口），需要你的支持或是忌憚你提出反對的話，那麼你就有了籌碼。

雙贏談判

如果你在談判桌上沒有位子，你可以透過在外圍創造價值，或是幫忙推銷交易或執行交易，來影響談判者。

承平時期也不可疏於維護程序

季辛吉在他的著作《外交》（*Diplomacy*）一書中指出，造成一九一九年與一八一四年這兩次和平談判結果截然不同的第二個原因。[7] 一八一四年，歐洲人對於過往的戰爭記憶猶新，因為在此之前的數個世紀，幾乎每過幾年歐洲強權間就會爆發戰爭。除非努力防止，否則衝突極有可能（甚至是一定會）愈演愈烈。但在經過一百年的太平歲月後，對於一九一九年的世人而言，第一次世界大戰比較像是意外事件或反常現象，而非必然發生的定律。所以人們比較想要搞清楚一戰是如何發生的，對於如何防範未來再度爆發大戰反倒沒那麼在意。巴黎和會的談判代表並不明白，之前一百餘年的太平歲月，是人們精心「建立制度」所獲得的產物，而非人類歷史日益開化的必然結果。

對於年代久遠的談判協議，便常會見到這樣的錯誤認知。當某個協議當時的談判背景被人們澈底遺忘後，後世的談判者就很難理解，當初是基於什麼樣的邏輯談成這項協議，以及為什麼應保留那樣的邏輯。人們甚至會開始認為這項協議是有瑕疵的、是不恰當的，而且不再適用於現在的情況。季辛吉認為這就是為什麼在維也納會議之後享受了數十載太平歲月的英國人，不願再擔任歐洲權力平衡的保證人；此一現象也說明了在維也納會議歷經兩個世代後，為何奧地利人會受到短期利益的誘惑，打算背棄攸關其生存的結盟制度；此一現象更說明了為什麼現已擁有強大國力的德國人，當初竟然會想拿他們跟俄羅斯人簽訂的條約，換取英國人的支持。之所以會發生上述各種情況，都是因為社會長治久安，使得政治人物未能認清事實，以為砸錢購買和平是付出了不必要的代價。譬如說，英國人看到沒有戰爭了，就覺得他們在歐洲的投資是沒必要的，卻沒搞清楚，和平是他們在歐洲投資所獲得的成果。同樣地，奧地利人與德國人也沒搞清楚，他們所享有的自由，乃是根植於他們現在想要隨意拋棄的同盟。

商場上也有類似的情況，例如：新任執行長發現，過去十年來公司從未有過法律訴訟，就認為公司沒必要再花錢養一支法律團隊；或是在擬定供應商及顧客的合約時，也不必再那麼小心翼翼。或是某足球隊發現，上半場對手連一球都沒踢進，於是決定在下半場撤掉守門員。上述決定看似匪夷所思，但遺憾的，當人們處於衝突的環境中，往往會做出非常類似的決定。

當不再是以得到多少「收穫」來評估「成功」，而是看雙方是否繼續維持在一種正面的現狀（例如：和平相處、繼續合作）時，就無從觀察努力與成功之間的因果關係。除非仔細審視，否則很難看出，究竟是什麼因素讓事情保持在常軌上。再加上如果實踐促進合作的政策，在財務、政治以及組織層級上都所費不貲時，就很容易誘使我們停止投資這些政策，於是混亂無序便隨之而來。不論是關係還是體制或合作的企業，一旦缺少了刻意的投資，很快就會開始敗壞。

在景氣好的時候，企業往往會怠於跟利害關係人培養感情，等到雙方爆發衝突時，才驚覺彼此的關係冷淡。至於之所以會發生武裝叛亂，通常是因為某個享有權勢的團體，誤以為天下永遠太平，不但行事違反程序正義，還將對手政治邊緣化，受壓迫的一方只好揭竿起義。此一原則也可以用來解釋另外一種截然不同的情境，那就是近幾年來在美國掀起的「反疫苗風潮」。當某種疾病，例如：麻疹，幾乎快要絕跡，且大家未曾經歷過這種疾病帶來的嚴重傷害時，人們就會大肆抨擊能夠抑制這種疾病的疫苗，並讓那些反對接種疫苗的人趁勢發動攻擊。上述每一種情況，問題的癥結都不是大家不願意投資能夠維持和平的因素，也不是因為低估了和平本身的價值，而是在於未能看出兩者的連帶關係。

雙贏談判

我們本來就不大願意投資能夠幫忙維持關係的程序，以及能夠幫忙維持和平的體制，承平時期更是如此。

說到談判的事前準備，談判者對程序的重視程度堪稱天差地別，有些人完全置之不理，但也有人對談判程序的規劃鉅細靡遺到令人難以置信的地步。雖然談判程序真的很重要，但也不應過度糾結於此。我們將在下一章說明，談判者過度重視程序時，也有可能會阻礙實質內容的進展。

第 11 章

別讓程序的限制卡關——越戰和談拖沓僵持於細節

持續達二十年之久的越戰（一九五五～一九七五），表面上是南越與北越之間的戰爭，但世人皆心知肚明，這其實是美國與蘇聯之間的代理人戰爭。美國與其盟國支持的是首都位於西貢的南越政府，而蘇聯與其他共產國家則支持北越政府，以及在南部進行武裝叛亂活動的民族解放陣線（National Liberation Front，俗稱「越共」）。雖然美國早在一九五〇年代初期便已介入越南事務，但一九六四年八月爆發的「北部灣事件」醜聞，則是令美國增派重兵的分水嶺。事件的起因是美國海軍宣稱北越兩度發動攻擊，詹森總統因此要求國會授權，擴大對北越的軍事行動。

儘管各界對於防止越南「赤化」，是否可能危及美國的國家利益仍有爭論，但是對於美國政府以魚目混珠方式爭取國會支持一事，卻隻字未提。根據日後解密的資料顯示，第一次北部灣衝突，其實是美軍發動的，而非北越；至於第二起事件，甚至是美軍捏造的。[1] 詹森總統與其行政團隊雖然察覺美軍聲稱的攻擊事件疑點重重，卻不願承認此事，也沒向國會報告。因此國會高票通過北部灣決議案，並導致衝突情勢升高到難以收拾的地步。在越戰中陣亡的美軍人數超過五萬八千名，儘管各方估計數字不一，美軍以外的死亡人數則在一百萬人以上。

到一九六八年時，美軍不可能在越南獲勝的局勢已經相當明顯，而且美國民眾的反戰情緒也不斷高漲。北越軍隊與越共游擊隊，在這一年年初展開「春節攻勢」，聯手攻擊幾個南越大城。美軍與南越的反擊行動雖然還算成功，卻是付出龐大代價換來的：不但傷亡人數眾多，而且喚醒了廣大民眾對戰事的厭惡，和談就是從這一年開始的。

要獲得和平並不容易，第一個絆腳石是一九六八年五到十月間長達五個月的延宕，這是因為北越拒絕談判，以逼迫詹森總統下令停止轟炸北越。為了讓雙方開始進行實質談判或是應那些自許為調停人士的要求，空襲行動終於喊卡。協商哪些人可以上談判桌不足為奇，但是談判代表已經準備好，卻喬不定該用哪種形狀的談判桌，又該如何處置呢？越戰和談，就是在這個外交電報中委婉稱為「程序問題」的事情陷入僵局。

不要過度糾結於程序

問題在十二月初浮上檯面，北越要求採用正方形的談判桌，讓涉及衝突的北越、民族解放陣線、南越及美國各據一方，並分別放上各方的代表旗幟；但南越希望的是兩張相對擺放的長方形談判桌，因為他們認為衝突的當事人只有南越與北越政府兩方；更重要的是南越政府拒絕接受把民族解放陣線列為這場衝突的合法當事人。接下來的一連串發展，堪稱是史上最荒唐可笑的外交較勁。[2]

南越代表團的團長在十二月十一日向美方重申他們堅持「雙邊和談」的立場，而且絕不會退讓。當時美方提出了多種談判桌形，包括：兩張半圓形桌（semi-circle）；四張桌子、兩兩相對擺放；分成兩半的鑽石形談判桌；或是一張圓桌。美方強調，這些安排「是備案而非退讓」，而且完全符合南越堅持的雙邊原則，但是南越代表團死都不肯放棄，那個他們自認為最有利的安排：兩張長桌相對擺放。

翌日，美國代表團發出另一則訊息呈報詹森總統，這回又多了另外一項程序挑戰：發言的順序。「大家已經同意將名字放在一頂帽子裡，抽籤決定發言順序；但是北越要求放入四個名字……以凸顯這是四邊談判。但我方和南越只想抽兩次，象徵我們認為這是一場『你、我雙方』的談判，然後每方各派兩名代表發言。」在此同時，雙方仍在協商要用哪種形狀的談判桌，北越提議安排四張桌子，之後又提議，安排一張圓桌讓談判各方圍桌而坐。這不就是之前美方一直希望說服南越接受，卻沒能成功的安排嗎？

談判遲遲無法開始，情勢卻開始變得危機四伏，幕僚建議詹森總統，不妨繼續空襲以「當做對談判延宕的回應」。美國代表團裡的一位成員告訴南越副總統：「美國以及世界上其他各地方的民眾……甚至包括越南民眾，全都無法理解，官兵們持續在戰爭中喪命，而我們居然為了談判桌的形狀，以及誰在何時上臺發言而僵持不下。」但這番沉痛的話語仍未能結束僵局。

之後南越副總統提出一個三階段的程序，第一階段只討論「與民族解放陣線無關的議題」，這樣不必靠談判桌的安排，就能讓「民陣」自然被排除在外。但美方並未支持此一提議，因為它的意圖太明顯了，會讓談判還沒開始就偏離正軌。美國人甚至開始考慮，如果南越還是一直糾結於程序問題，那美方會先跟北越展開雙邊談判。

一九六九年一月二日，事情終於有了一些進展；雖然北越仍舊堅持安排一張「簡單的圓桌」，不過它也同意南越的立場：談判桌上不擺放名牌或旗幟。至於發言順序，北越也同意美國的提案，只設兩支籤而非四支籤，但堅持負責抽籤的人是南越與「民陣」的代表，而非北越與美國。南越對於這些讓步很「無感」，並要求如果要用圓桌，一定要從中間鋪上一條長布，明確區隔兩邊。被惹惱的美國代表則回說，只要同一邊的人盡量坐得靠近些就可以分清楚了。

一月四日那天，南越提出一個方法，解決誰負責抽籤的問題，他們願意「丟銅板決定或是讓對方先講」。美國很想知道，南越也是否願意用丟銅板的方式，解決談判圓桌應該「不標示」或「分開坐」的歧見。美國也開始設法，卻使談判代表分別從兩個不同入口進入會場，進一步強調這是一場雙邊談判。美國所做的這一切努力，除了要安撫美國民眾的不滿情緒，同時也是希望能趕在新總統尼克森於一月二十日正式就職前便展開實質談判。美國希望能趕快說服南越同意談判桌不標示，以換取北越對旗幟、名牌與發言順序的讓步。

由於遲遲無法解決這些枝節問題，談判桌的爭議竟升高至國家元首層級。火大的詹森總統在一月七日告訴他的行政團隊：「我受夠了！」他並大聲質問幕僚，南越是不是受到即將接任的白宮新團隊的煽動，才會採取絕不妥協的立場？所以詹森寄了一封信給南越總統，以美國總統的立場，要求南越同意採用一張簡單的圓形談判桌：

美國民眾與國會皆無法理解，我們為什麼無法接受一張單純的圓桌（且必要時不加標示）；圓桌怎樣都不會是四邊形。只要把圓桌的空間分成相等的兩半，即便未加標示，談判桌仍舊可以清楚分成兩邊……此時此刻，（我所領導的執政團隊）在國會與民間的處境之艱困與危急，堪稱是過去四年來，甚至可以說是我從事公職四十年來所僅見。如果我們的立場未能做出合理的調整，肯定會引發排山倒海般的批評聲浪，部分矛頭固然會指向美國政府，但受傷更為慘重的則是貴國政府在美國國會與人民心中的形象……閣下與我長期以來一直保持密切合作，我們也一直都想做正確的事，而這正是我現在請求閣下去做的，因為我堅信這是正確的事。我也同樣堅信，未來若想要我國繼續採取我一貫支持的基本行動路線，這麼做也是必要的。請不要逼迫美國重新考慮對越南的基本立場。[3]

美國代表團在把這封信呈交南越總統之前，已經再次重申，美國認為此事已經到了非解決不可的時候了。

我們將設法表明，談判桌的安排基本上是雙邊的，這有很多方法可以辦到。其一，我們之前曾討論過，從每一邊的中間點搬走一張椅子或是不坐人，即可在我方與對方之間留下一個空間。其二，在我方與對方之間的桌上，擺放一疊書或是簡報檔案……現在距離停止轟炸已經超過兩個月了，距離南越政府代表團抵達巴黎也已經一個多月了，美國與北越政府在巴黎展開談判，更已經過了八個月。我方政府認為，現在時候已經到了，我們必須開始談實質議題，並展現我們是一個堅定的聯合陣線。談判桌這個議題，已經成為我們兩國的負債了。4

結果南越又提出另外一個妥協方案，要求以一條「清楚可見的細線」，取代原先堅持的以長條布區隔兩邊。至於發言順序的問題，則冒出了一種新的可能性：「分別從兩個籤桶抽籤，例如：一個是紅色一個是黃色，並由第三方（可能是一名法國官員）人士抽籤。」

眼看情勢似乎又要陷入膠著之際，蘇聯駐巴黎大使館的公使參事在一月十三日提出一個新提案：「一張圓桌，相對的兩邊各放一張長方型的小桌子。」事情似乎要成了！

一月十六日，當事人同意了以下的安排：一張未做標示的圓桌，在圓桌周邊正相對的兩點，距離四十五公分處，各放一張長方型的小桌子；談判桌上不擺放任何旗幟或名牌；由一名法國外交官擲銅板或抽籤，決定哪一方先發言，且每一方可發言兩次。但臨時卻又冒出一個小問題：南越總統不希望擲銅板地點，是在先前提議的法國外交部（Quai），而是改在國際會議中心（Hotel Majestic）。幸好這項要求並沒有再次拖延談判，首次巴黎和談終於在一九六九年一月十八日，在國際會議中心舉行。

光是討論談判桌的形狀就花了六星期，不難想見，真正的和平絕不會那麼輕易到來，巴黎和平協定一直拖到一九七三年才簽訂，並達成一項停火協定，美國開始正式從越南撤軍。雖然《終止越南戰爭暨恢復和平協定》（*Agreement on Ending the War and Restoring Peace in Vietnam*）呼籲停火，並以和平的政治程序解決越南的治理議題，但其實戰爭並未停止，而是一直持續到北越擊敗南越，並在越南全境建立一個共黨政府為止。

造成談判因程序而卡關的常見原因

從這個案例可以清楚看到，談判極有可能因為程序問題而停滯不前，例如：當事人無法決定哪一方要先提出初步的和解提議，從而無法開始討論潛在的解決方案。一項對雙方都有利的商業交易，如果其中一方希望趕快定案，但另一方卻想再貨比三家或是另有盤算，恐怕就無法成局。不論是哪種狀況，當事人想要以正確的程序進行談判，這樣的想法是可以理解的，但若是過度糾結在程序上，遲遲不開始談判，不但可能要付出高昂的代價，搞不好還會危及達成協議的可能性。

造成談判程序卡關，有幾種常見的原因，有時候是因為準備工作做得不夠，談判者對程序議題的思考不夠周全，或是未能事先整合己方陣營的不同意見，使得與對造的談判變得更加複雜。有時則是過度分析，使得各方當事人遲遲無法對前進的道路取得共識。其實天底下根本沒有「完美」的程序，為了追求最佳程序，有可能導致不必要的拖延。在某些個案中，當事人想要「對所有方案保持開放」（所謂的「策略彈性」），所以遲遲無法選定一套程序，完全無視於繼續拖延的代價有多高。幸好以上這些問題，只要有充分的準備，就能事先防範，或至少能減輕其嚴重性。

雙贏談判

若當事人的事前準備不夠充分，或是執著於打造完美談判程序這種不切實際的目標，或是過度追求策略彈性，都可能使談判卡在程序問題，而無法有所進展。

何時該將程序問題拋在腦後

不論是外交事務還是商業談判，我們習於把實質和程序視為兩個獨立的要件，且各自需要一套策略，但在談判者及／或「觀眾」心中，兩者的關係卻是密不可分的。某種程度而言，這種看法並無不妥。當事人認為「誰能參與談判」以及「談判會持續多久」之類的程序問題，會對談判產生實質的影響，如果情況確實如此，對於程序問題的討論就不宜等閒視之。但是過度執著於打造完美或最有利的程序，卻也可能引發嚴重的問題。發生這種狀況時，就很難從程序的協商，轉換到實質議題的談判。在一個理想的世界裡，談判者會先敲定一套切實可行的程序，再開始討論實質議題。但如果對於程序的討論沒完沒了，似乎有可能使實質討論受到阻礙，那麼比較明智的做法是：(a) 先就一個不完美但稍後可以再修改的程序達成共識，或是 (b) 在協商程序的同時，開始談判實質議題。

雙贏談判

為避免過度聚焦於程序，而使實質談判受到阻撓，不妨(a)先就一個不完美但可修改的程序達成共識，或是(b)在協商程序的同時，開始談判實質議題。

藉由程序問題制衡對方與爭取合法性

如果當事人把程序上的小讓步，視為犧牲了大量籌碼或合法性，那問題就比較棘手，這種情況常見於還不確定或不清楚哪一方處於主導地位時。當彼此的地位、層級與權力動態已經相當明確且穩定時，程序問題就比較容易搞定，因為雙方都不認為在交手的初期便爭搶位置會討到什麼便宜。但若彼此之間並不存在互相禮讓的模式時，程序就變成實質議題了。當事人為了看似微不足道的議題大動干戈，在局外人看來或許覺得很奇怪，但他們其實是在雙方初次交手時，以此試探對方的決心、實力與合法性。我們從美國大使館在一月十九日給國務院的一份報告中，即可清楚看到這一點。報告中對於談判桌形狀的爭議，做了一針見血的評估：

……〔南越〕對於問題的核心提出了他們的想法，特別是他們絕對不允許民族解放陣線與其平起平坐。〔南越〕把這些事情視為是最重要。他們認為初期的動作十分要緊，也相信敵方會從他能否迫使我方對實質議題做出重要的讓步、以及他能否分化美國和〔南越〕……從而結論出，後續可能的發展……對北越而言，對南越也是，程序就是實質，因為程序能夠決定談判的進行。南越害怕我們可能太急著讓步……南越認為太早讓步會產生不良效應的評估是正確的。如果我方在第一回合的初次交手就屈服，恐怕會造成士氣低落，大家會根據我方在談判的開場階段，如何處理己方陣營——美國與〔南越〕的做法，來判斷南越是否能獲得自由，以及我們是否堅定支持南越獲得自由。敵人已經嚷嚷多年，只要美軍繼續轟炸，他就絕不談判，但是當轟炸持續進行時，他就願意談了；還說只肯跟我們在金邊或華沙談判，之後卻又同意在巴黎談；他曾說不接受條件以換取美軍停止轟炸，但最後他還是接受條件了……他現在說，除非我們承認是以「四方」會談的形式進行，否則他不坐下來談，但發覺既然我們不打算認可他的要求，他也只好坐下來了。跟共產黨談判，如果都順他們的意，是談不出什麼結果的（其實，依我的經驗，這點不限於共產黨），在剛開始交手的階段尤其是如此。老實說，我相信如果我們太急著早早獲得結果，到頭來就更難找到切實可行的解決方法，而且要花上更長的時間。[5]

雙贏談判

當彼此的權力關係還不明朗或穩定時，當事人會為了互相制衡與爭取合法性，在程序問題上較勁，從而危及實質議題的談判。

何時該在程序議題上採取強硬立場

這倒不是說，在程序議題上採取強硬立場一定不好。事實上，你在程序協商過程中的表現，有可能會影響對方在實質談判中的態度。我曾為一家小型企業提供顧問服務，該公司正在與一家年營收達數十億美元、規模比他們大很多的企業談判策略性結盟。雖然雙方都帶著善意，不過我方很快就發現，這家大企業顯然打算「按照慣例」來和我們談判；也就是說，結盟條件全由他們說了算，我方只能點頭照辦。老實說，對方並沒打算坑我們，而且從他們的角度來看，等著跟他們「結親」的小廠商可多著呢，畢竟它們的品牌價值與銷售能力，都是小廠商望塵莫及的。但問題是我方並非還在草創時期的菜鳥，況且如果客觀評估，我方也能替對方帶來巨大的價值，而且正中對方主要策略的需求。

在我看來，問題出在這樁交易的心理學，雙方都心知肚明，我方帶上談判桌的價值其實不比對方少，只不過對方以為我們會認可，這將不會是一場對等的談判。所以我要團隊記住，對方的夥伴有兩種，與他們勢均力敵平起平坐的夥伴，或是被他們視為高攀的夥伴，而且他們對待這兩種夥伴的態度是截然不同的。所以我方必須在談判一開始，就明確爭取到前者的地位，絕不可以被對方看扁。如果我們被看輕了，那整個談判過程就只有「挨打」的分。

所以我建議客戶及早捍衛自己的立場，而且要在協商程序時就搞定此事。明確的做法是只要對方提出「上對下」的要求，不論多麼微不足道，我們一律拒絕接受。在開頭的幾個星期，雙方對於程序問題，不斷進行你來我往的攻防，搞到彼此都快抓狂了。但我們的策略終於奏效，等到雙方正式展開實質談判時，只要是我方認為不對等或不公平的任何事，都堅守立場拒絕接受，這時候對方也就習以為常，見怪不怪了。

雙贏談判
如果你在協商程序的階段，就已經挑戰過不公平的要求，等到談判實質議題時，你就比較容易拒絕不公平的要求。

如何在程序問題上堅持立場

為什麼上面這個與大企業談判的案例，不會淪為像越南那樣莫名其妙的狀況呢？兩者不一樣的地方顯然很多，不過當你決定要在程序上堅持立場之前，有幾件事必須牢記在心。首先，我們的動機是想要與對方平起平坐，而非凌駕對方之上。如果對方以為你想要取得發號施令的主導地位，極可能引起一發不可收拾的衝突。所以我們不只是退回他們單方提出的片面要求，同時也會避免採用對我方極為有利的語言或提案，為的就是讓對方明白，我們希望雙方能夠進行對等的談判。其次，我們明白，有時候程序與實質是連結在一起的，所以我們會留意，不讓程序上的爭議影響到實質內容的考量。例如：跟最後期限（程序）有關的決定，可能會對談判的範疇（實質）產生重大影響。同理，你是否同意給予對方一段時間的獨家議約期，則對程序與談判內容兩者皆有影響。遇到這種情況時，設法將程序與談判內容的疑慮分開考量。例如：為了滿足其中一方想要在某天宣布完成交易的需求，同時又要兼顧另一方想盡量爭取更多項目的結盟，不妨打造一個能夠分階段完成的交易；既要滿足對方的獨家議約需求，又要兼顧己方陣營的利益，不妨先給予部分或有條件的獨家議約權，如果雙方的談判有進展，即可給予全面的獨家議約權。最後一點，我們是同時談判程序與議題，而越南和談的談判者，卻是在實質談判看似有可能達成有利結局的情況下，執著於程序尚未完全說清楚講明白，並讓此問題拖延實質議題的進展。

雙贏談判

如果你想要在程序議題上堅持立場，最好 (a) 讓對方明白，你並無意占上風，只是想要彼此平等對待，(b) 坦白說出你認為程序可能影響到實質議題的疑慮，以及 (c) 實質與程序談判同時進行。

我們在這一章看到了，認真協商適當的程序（但不可糾結於此），有助於避免衝突或打破僵局。下一章則要說明，談判者如何透過有遠見的行動，重新塑造日後雙方往來互動的規則（rules of engagement）。

第12章

打造全新的往來規則——
《六人行》天價片酬始於同工同酬

二〇〇二年二月間，全國廣播公司（NBC）與華納兄弟公司（Warner Brothers），因為一樁美國電視史上最昂貴的三十分鐘影集播映權利金交易，而登上媒體頭條。交易標的是家喻戶曉的情境喜劇《六人行》，描述六名朋友在紐約的生活點滴。這是該影集的第十季也是最後一季，長達十年的播出即將畫下句點。該劇曾獲得六十項黃金時段艾美獎提名（並贏得六個獎項），而且除了第一季之外，後續幾季的收視率一直穩居前五名。從這些傲人的紀錄看來，它肯定是個非常好看的節目，但這並不足以解釋，為什麼劇中六名主角能夠拿到天價片酬演出最後一季的戲。

情境喜劇多半是由一位主角搭配一群配角演出，NBC之前播出的許多人氣節目，包括：《天才老爹》、《家族關係》、《歡樂一家親》、《大家都愛雷蒙》以及《歡樂單身派對》，皆是如此安排。《六人行》與其他影集的最大差別，就在於它的主角多達六人，而且每個人都分配到等量的戲分。[1] 這樣的安排固然使他們六人一樣重要，但若從談判的觀點來看，卻也使得他們變成同樣可有可無。從製作方或電視臺的角度來看，如果某位演員在談薪水時獅子大開口，大可以隨時把他換掉，六缺一照樣能「行」，這讓製作方擁有一定程度的談判優勢（但是像《雷蒙》或《歡樂單身派對》的製作方就沒有這種優勢，因為這兩部都是以主角為名的同名影集）。

言歸正傳，NBC與華納兄弟談妥的交易，讓每位演員拿到一集一百萬美元的片酬，由於該季預定播出二十二集，所以每位演員將可獲得兩千兩百萬美元的酬勞。[2]我們不妨根據以下幾點來客觀地審視此事：僅僅數年前，得獎數及收視率都勝過《六人行》的《歡樂單身派對》，只有主角傑利．辛菲爾德一人在最後一季拿到一集一百萬美元的片酬，而片酬次高的其他三位演員，則是每集六十萬美元。[3]那為什麼《六人行》的六名主角全都可以拿到這麼高的片酬呢？

主動放棄眼前好處，提升談判優勢

二〇〇二年加薪成功的種子，其實早在數年前洽談第三季片酬時就已播下。在第三季之前，《六人行》的六名演員一直是按標準做法洽談片酬，也就是由他們各自的經紀人分頭與製片方談判。頭一年每位演員的片酬是一集兩萬兩千五百美元的標準價，而未來能否調薪，則要看節目的收視率、演員的表現、是否有其他片約等諸多因素而定。綜合以上各項因素，這六位演員在第二季的片酬介於每集兩萬至四萬美元之間。[4]

不過在他們開始談判第三季的片酬之前，有可能拿到最高片酬的大衛・史威默（David Schwimmer，在劇中飾演羅斯），卻提出了一套不同的做法。他向其他五人表示，製作公司及電視臺的談判優勢比他們大得多，因為他們每個人隨時都可能被換角。他們若想從這個大賣的影集中分到一杯羹，必須在往後的議價立場上團結一致，即要求所有人拿相同的片酬，這可是破天荒的做法。史威默要求大夥兒不要著眼於個人對節目的附加價值，而應以他們六個人對節目的集體貢獻做為議價的主軸；如果他們能夠團結一致，不去計較哪個人「客觀地」應該拿多或拿少，他們就能提升己方的談判優勢。為了展現誠意，史威默率先向製片公司表示，他願意在第三季犧牲部分片酬，好讓其他人都能拿到一樣的待遇。飾演瑞秋的珍妮佛・安妮斯頓也跟進，結果從第三季開始，每位演員都拿一樣的片酬，一集七萬五千美元，到第六季時全部調高到十二萬五千美元一集，[5]此後他們再也不單獨與製作方議價。

大衛・史威默在接受《浮華世界》（*Vanity Fair*）雜誌專訪時指出：

> 我跟大夥說，有人建議我要求加薪，但我希望人人都加薪。既然大家都預期我一定會要求加薪，我乾脆就趁這個機會，表明我們六個人要拿一樣的片酬。因為我不希望以

後來上工時，被其他片酬較低的人討厭，當然我也不想成為片酬最低的演員，然後抱怨：明明大家做的是一樣的工作，某人的酬勞卻是別人的兩倍，這太可笑了吧。所以我們現在就決定，我們要「同工同酬」。我認為我們六個人組成一個迷你工會這件事還挺不簡單的，因為之後只要是跟宣傳有關的事情，全都得訴諸團體共識。那其實是一時的衝動，來自於我之前在劇團的經驗，劇團裡的每個人都得繳團費，我們每個人都在端盤子或是做各種差事掙錢，但我們繳的團費是一樣的，而且拿一樣的薪水，那樣的想法對我很重要。[6]

除了爭取到較高的片酬之外，他們甚至還可以在影集重播時，分到一小部分的權利金營收，這麼優渥的待遇在當時並不常見。第六季之後，他們六個人的片酬已經調高到一集七十五萬美元，[7]等他們的片酬漲到一集一百萬美元的天價時，大家都很清楚，這六人必定會同進退。當初史威默自動降低片酬的犧牲，在日後為他賺進了可觀的收入。

盡早建立日後的往來規則

哪怕是再重大的關係，通常也都是從代價沒那麼高的互動開始建立起來的。戰爭往往起自小衝突；和平進程通常源於停火的意圖；併購的可能性，多半先從較小的規模開始測試；結婚的種子常在第一次約會時播下；一些最成功的事業夥伴，一開始也只是幾個朋友或同事閒聊到一個有趣的點子。

關於第一印象的重要性，學者已經多有著墨，要善待他人，甚至是陌生人的寓言或軼事更是不計其數，目的是提醒大家，你永遠不知道自己的作為會產生什麼樣的後果。但我要強調的重點略有不同，即與別人往來互動時，重點不只是盡快讓對方留下好印象，而是要盡快設定彼此往來互動的規則。史威默給人的印象是個好人，那是件好事，但是其他五個人之所以會聽從他的提議，跟他的外貌或個性是否討人喜歡關係不大。而是因為他成功說服他們，今天的投資能讓他們日後有機會，重新設定一個長期下來對大家更有利的談判程序。

雙贏談判
儘早建立日後的往來規則，代價會比較低。

投入鉅資以示力挺程序

能夠想出一個重新設定談判程序的好點子是一回事，但要彰顯你對該提案的全力支持，則是另一回事。請注意，史威默要六人同進退的提議並非萬無一失，搞不好有人會因此而倒楣。為了要讓其他人相信，此時付出這樣的代價是值得的，史威默自願降低片酬，在投資不保證能回收的時候投下重金，恰恰能展現他力挺自己的提案。

政府或武裝團體同樣會為了展現達成和平的決心，早早接受媾和的前提條件。商界人士承諾在交易破局時付給對方一筆巨額的「解約金」，或是答應給予對方獨家議約權，也都是為了展現達成交易的決心。還未談妥明確的僱用條件就答應來上班的員工，何嘗不是如此。我聽說有家新創公司因為增資情況不理想，員工都因前途未卜而憂心忡忡，有些人甚至打算另謀高就，以免臨時失業措手不及。公司的執行長直接找上幾位主要員工，要求他們暫緩找工作之事。為了展現他的誠意，他承諾若金主拒絕增資，他會自掏腰包付他們薪水，以確保這些員工不會在生死關頭棄船而逃。

上述這些做法其實是出險招，所以我並不推薦大家使用，不過重點正因為這些做法是有風險的，所以能夠讓人強烈感受到你是真心想要這麼做。

> **雙贏談判**
> 當你為了支持某個程序，不惜先付出代價，會讓人強烈感受到你力挺的決心。

明確說出讓步的理由

但如果你力挺程序的行動，並未打動其他人跟進，那非但白忙了一場，甚至還會對局勢造成危險。例如：政府為了力挺和平進程，而答應談判對手提出的前提條件，不料卻被民眾視為狗急跳牆之舉；併購者同意支付高額解約金，被解讀為軟弱而非真的想併購；求職者在談妥僱用條件前便同意來上班，被解讀為能力不足；當事人為了展現成交的誠意，同意給予對方很長的獨家議約期，卻被解讀為缺少其他選擇。幾乎每一種談判行為，都可以做出很多種不同的詮釋，善意的作為也是如此，你明明是為了大家的利益而讓步，卻有可能被解讀為好心、聰明、絕望或愚蠢。

研究顯示，如果希望你的善意之舉，能打動對方採取互惠的行動，務必要讓對方把你的作為解讀成善意與明智的。[8]但可惜棘手的談判與嚴重的衝突，是不管你做什麼，對方都會視為意圖不軌、無計可施、毫無理性或是顢頇無能。高明的談判者懂得以退為進，讓對方把他的出招視為讓步。例如：在同意給予對方很長的獨家議約期之前，先暗示己方還有別的選項（以免被看成無計可施），並說明這麼做是因為「我方能理解你們不方便現在就開始談判」。此舉不但展現了同理心，也釋放出你們很有辦法的訊息。簡言之，光是為了讓談判有進展，而做出有利雙方的讓步是不夠的，還必須**明確表達讓步的理由**，也就是要確保對方理解你為什麼要這麼做。在適當的狀況下，你必須傳達是經過慎重選擇才這麼做的，而且這麼做會令你付出高昂的代價，但你認為合作對雙方都有利，才會願意這麼做。

再以《六人行》案為例，劇中飾演喬伊的演員麥特．勒布朗受訪時表示，史威默似乎做了正確的盤算：

史威默原本可以拿到最高片酬，因為他跟瑞秋是A咖，原本可以要求比別人更高的片酬……他真的很確定我們一起行動一定會有更高的價值嗎？我不知道，我認為那是出自他真心的一個舉動，我一直都這麼認為，他就是那樣的人。[9]

雙贏談判

明確表達你讓步的理由，因為即便是出於真心誠意的明智作為，仍有可能被對方解讀為軟弱或無能。讓對方正確了解你讓步的理由，以確保這個讓步能促使對方做出互惠行為，而非平白讓對方占你便宜。

當彼此的敵意很深時，不必急著讓步

本書之前曾指出，如果遇到對己方不利的談判框架，應該盡快重新設定框架，愈早改掉不利的框架，就能愈快獲得你想要的結果。必須盡快採取行動還有另外一個理由，框架存在愈久且未被挑戰，稍後再想要改變它會比較困難。以勞資關係為例，如果某個有爭議的框架已經存在數十年了，而且每次要談判時資方便嗆聲要封館（像NHL），這樣的模式就很難改變。即便各方皆有意改善關係，球團老闆也很難不下封館令。如果前五次談判，你的態度都非常強硬，這回突然想改用比較友善的方式談判，對方反倒有可能以為你是黔驢技窮。而且與對方纏鬥的時間愈久，想放軟身段就愈可能被視為是無計可施。這種一方在立場上軟化，對方就趁機硬起來的情況，不僅在政治圈內屢見不鮮，就連私人關係也頗為常見。

解決方法就是把話說清楚，讓對方明白你是為了長期關係才退讓的，而非出於軟弱。但如果彼此之間長期存在著「不是你死就是我亡」的對抗模式，那麼不管說什麼，對方都未必領情。在彼此激烈對抗時，恐怕很難讓談判對手相信，你是個「態度強硬的好人」，因為他們之前從未見過你同時展現這兩種特質。在他們看來，你只有在處於弱勢的時候才會是個「好人」。

在這種情況下，不妨表明你未來有可能會讓步。例如：你**今天**會這麼強硬是迫不得已，因為不想被對方小看。但是也讓對方明白，如果對方願意與你一起打造正確的談判條件，**未來**雙方是可以合作的。至於所謂正確的談判條件，包括雙方採取較溫和的立場展開談判、不利用媒體互相攻擊、及時採取有利於雙方的讓步，或是彼此盡力回應對方的善意，而不曲解或抹黑對方。簡言之，縱使你今天無法表示願意讓步，仍然可以讓對方明白未來願意做的讓步。

雙贏談判

如果彼此的敵意很深，可以讓對方明白你未來願意做的讓步。

全力維護你的公信力

如前所述，並非所有的談判場合，你都可以肆意表示要讓步，以示力挺一個對大家都更有利的程序。你未必能效法大衛．史威默，率先付出代價，而且你想要取信的那些人，也不像《六人行》的其他演員完全信任史威默那樣信任你。以我的經驗為例，不管是哪一種談判，有個方法可以傳達你對程序的力挺：那就是**即便要付出高昂的代價，你也一定會信守承諾**。一流的外交官與斡旋者，對於自己的應允及承諾，總是言出必行，一言九鼎，而且不因事小便等閒視之。這不僅是該做的正確行為，同時也是一項極為厲害的談判武器。尤其是經年累月無法化解的嚴重衝突，恐怕很難光靠談判就搞定，這時候唯一能打動對方上桌一談的籌碼，很可能就只有談判者的信用。而且等到真的上了談判桌，缺乏互信通常是談判難有進展的最大阻礙，因為其中一方提出的讓步──平等待遇、權力分享、未來利益之類的承諾──都不是馬上就能兌現，而是立基於雙方的互信，如果你的公信力不夠，就不適合協商這種交易。

請注意，信用通常不是因為一次突如其來的嚴重背叛行為而失去，而是在對方發現我們不一定會履行諾言時，一點一滴慢慢流失的。有時我們是因為資訊不足而誇下海口，或是在談判初期便草率地給了對方一些保證，之後卻又忘得一乾二淨。因此當你信誓旦旦地向對方保證，一定會如何如何云云，幾個星期或幾個月之後，卻又兩手一攤告訴對方「我辦不到」，對方自然不會再相信你了。我常提醒我的學生及客戶，**總有一天你擁有的唯一籌碼就是你的信用**。但可惜我們往往把這項極其珍貴的資產，以極少的代價隨隨便便就賣掉了。

雙贏談判

信用往往是一點一滴慢慢流失的。為維護信用，你必須信守承諾，哪怕再小的承諾也要說到做到。

Part 2 重點摘要

- 備妥一套高明的程序策略。
- 不僅程序策略，執行的策略也要準備好。
- 成為會議室中準備最充分的人。
- 先搞定程序再談實質內容。
- 確認雙方對程序的認知是一致的。
- 釐清程序，並讓對方承諾會遵守程序。
- 把程序正常化並鼓勵對方幫你把程序正常化。
- 即便對方拒絕釐清程序也不承諾會遵守程序，都算是有參考價值的資訊。
- 請對方親口公開說出明確而不含糊的承諾。
- 別因對方違反程序而立刻調頭走人，先評估對方的觀點與所有後果，並提出切實可行的補救措施。

- 承諾一定會遵守一個嚴苛的程序，未必辦得到也沒必要。
- 維持繼續談判的動能。追求眼前的優勢會如何影響日後的互動往來？
- 全體同意固然有其優點，但因人人皆有否決權，從而降低了達成決議的可能性。
- 足夠共識原則有助於維持續談動能，避免議程卡在個別議題上而沒有進展。
- 個別議題的過關門檻宜放寬，以利談判順暢進行，對於最後協議則應嚴加把關。
- 所有細節都談妥才算真正定案。
- 公開透明有可能妨礙談判順暢進行，應准許談判代表進行密室協商，但最後是否能成交，則交由各自陣營的人馬決定。
- 談判順利完成後，仍應建立適當的管道及程序，妥善處理殘餘及潛在的衝突。
- 切勿輕易退出談判，尤其是談判破局後更應該續留談判桌。
- 不上談判桌就等著上供桌。
- 即便無緣參與談判，也可透過在外圍創造價值，或是幫忙推銷交易，來影響談判。
- 造成程序卡關的原因包括：準備不足、執著於完美的程序要求過多的彈性等。
- 為避免談判因程序而卡關，不妨先接受一個可以修改的程序，或是在協商程序的同時，開始談判實質議題。

- 談判者有可能藉由程序問題制衡對方與爭取合法性。
- 俗話說：「一回生二回熟。」如果你在協商程序的階段，就曾拒絕對方的無理要求，等到談判實質議題時，你再力抗不公不義，對方也就習以為常了。
- 你可以為了爭取平等待遇（而非占上風），在程序議題上堅持立場，並坦白說出你認為程序可能影響到實質議題的疑慮。
- 搶先建立正確的程序，建立雙方在日後往來互動的規則。
- 你率先投入鉅資支持某個程序，能讓人感受到你的力挺。
- 明確表達你所做的讓步。
- 如果彼此之間的敵意很深，可以讓對方明白你未來願意做的讓步。
- 全力維護你的信用，哪怕再小的承諾也要說到做到。

Part 3

破解僵局的手法

在處理跟人有關的問題時，不論是對任何人，同理心是最重要的，即便是那些令人費解的人，也必須花工夫理解他們。

——前任聯合國敘利亞事務特使
拉赫達勒・布拉希米（Lakhdar Brahimi）

第13章

同理心的力量——解除古巴飛彈危機

一九六二年十月十六日，美國 U-2 間諜機在古巴進行高空偵查時，發現了幾處正在施工中的工程，之後證實，這些是由蘇聯幫忙興建，且能發射核子武器的飛彈基地。在鄰近美國的古巴領土上有飛彈基地並不令人意外，但其中有兩點引起美國的高度關注。其一，這些基地能發射目標鎖定美國本土的攻擊型飛彈；[1] 其二，這些飛彈能攜帶核子彈頭。雖然蘇聯在私下或公開場合中都曾保證，不會在古巴部署能攜帶核子武器的攻擊型飛彈，不過現在事實證明，這些承諾不過是為了延緩飛彈基地被發現的謊言，美國稱這起事件為「古巴飛彈危機」。[2]

隨著衝突情勢不斷升高，全球也日益逼近人類史上頭一遭核子大戰。美國總統約翰・甘迺迪在十月十八日召集相關部會首長，組成執行委員會，祕密協商因應此一威脅的對策。執委會成員約十餘人，包括國務卿、國防部長、參謀首長聯席會議主席、中央情報局局長、國家安全顧問，以及當時擔任司法部長的總統胞弟羅伯特・甘迺迪。

在事件發生初期，執委會提出的因應方式有兩種。其一，我們不妨稱之為「激進式」做法，也就是立即空襲正在興建中的飛彈基地，隨後並派遣地面部隊入侵古巴。第二種做法，我們不妨稱之為「漸進式」選擇，先封鎖古巴以阻止蘇聯運來更多軍事裝備，接著在南美各國與聯合國建立外交暨聯合行動。若採取第二種做法，會等到萬不得已時才動武。兩種做法各有利弊，執委會雖經過熱烈討論，卻始終無法定案，就連哪一種做法更有可能激怒蘇聯、導致衝突進一步升高，也無法取得共識。

剛開始討論時，執委會幾乎一面倒支持強硬對策，但羅伯特·甘迺迪卻獨排眾議。他認為硬碰硬風險太高，而且會立即限制住雙方的策略選項。況且美國這個超級強權若先發制人攻擊古巴這個小國家，恐怕在道德層面上也站不住腳。幾天之後情勢逐漸轉變，執委會大多數成員又紛紛改口，表示漸進式做法比較優。從歷史的角度來看，幾乎所有人都認同，採取漸進式做法是明智的。因為日後我們終於搞清楚當時蘇聯與古巴的真實情況，並且幾乎每一項新資訊都顯示，當初美國若執意採取強硬手段（空襲／入侵）對付古巴，引發的災難將遠超過執委會成員的想像。換句話說，當時執委會所做的每項假設，都犯了相同的錯誤，低估了這項軍事襲擊將導致危機升高的風險。例如：執委會以為蘇聯在古巴的駐軍僅有一萬人，但其實人數超過四萬，如果美國殺了這麼多蘇聯士兵，肯定會使蘇聯採取報復行動的可能性大增。再者，執委會以為古巴僅有飛彈，核子彈頭還未運抵古巴，但其實不僅核子彈頭已經運到了古巴，甚至還包括可以當做入侵軍備的「戰略性」核子武器。最後一點，執委會堅信，核子武器的發射必須由蘇聯最高領導人赫魯雪夫親自下令，但其實蘇聯駐古巴的總司令，就有權自行判斷是否要啟動核武。而且古巴領導人卡斯楚也已決定，外人如膽敢入侵，一定動用核子武器對抗。當時也是執委會成員之一的美國國防部長羅伯特．麥克納馬拉（Robert McNamara）後來曾指出：「要是美軍遭到戰略性核子彈頭的攻擊，美國豈能不以核子彈頭反擊，最後的結局恐怕會是天大的災難。」[3]

雖說如果一開始就決定採取漸進式對策，肯定能避開災難，但循外交途徑解決衝突也非萬靈丹。如果單純因為軍事手段很可怕，就選擇談判，最後並不一定能夠讓雙方達成協議，尤其要提防時間壓力、不確定性、缺乏互信與敵意深植等因素的干擾。對於一個雙方都不願意或沒辦法讓步，而且每拖延一次與每踏錯一步，都會令全世界更加逼近核武戰爭的情況下，你該如何進行談判呢？

從敵人的觀點才能看清局勢

後來美國並未率先發動軍事攻擊，而是透過政治性暨戰略性的「檢疫」手段，從海上封鎖古巴。之後，美國獲得愈來愈多盟國的支持，於是以軍事威脅不斷升高為由，開始對蘇聯施壓，要求雙方展開談判以結束這場危機。美方能夠接受的結果，包括要求蘇聯拆除位在古巴的飛彈發射場，並將飛彈從古巴移除。但是在蘇聯已經放話表示將不惜一戰，而美國至此仍不願意把事情鬧大或展現實力的情況下，美國該如何說服蘇聯乖乖照辦呢？

結束這次危機的關鍵，不僅是從原本偏好的做法改弦易轍，而且還包括以完全不同的**觀點**看待這次衝突。其中的差異就在於甘迺迪總統願意從赫魯雪夫的觀點來考量此事，並澈底弄清楚，為何蘇聯寧可開戰也執意要將核子武器運往古巴的原因。原來背後的原因還真不少，而且理解這些原因十分重要。

我們就從蘇聯的觀點來考量此事吧。首先，美國已經在離蘇聯很近的土耳其和義大利，部署了能夠攜帶核子武器的飛彈，它們對蘇聯的威脅，就如同部署在古巴的飛彈令美國倍感威脅一樣。其次，當時美蘇之間存在相當顯著的「飛彈鴻溝」，美國的核子能力（飛彈、炸彈以及彈頭的數量）明顯勝過蘇聯，[4]而且美製武器的科技也較為先進。第三點，蘇聯軍力的最大問題在於一旦真的開戰，他們將缺少能夠打到美國的洲際彈道飛彈；蘇聯知道這個問題需要幾年的時間才能解決，所以眼下亟需在美國附近部署射程較短的核武做為威懾。最後一點，美國中情局不斷想方設法要暗殺或推翻古巴領導人卡斯楚，此事令蘇聯和古巴都很不爽。

了解蘇聯的觀點後，雖然大有助於平息古巴飛彈危機，但往後的路途也並非就此一帆風順。之後，雖然雙方在公開與私下的外交運作逐漸成形，但因為諸多決策是在混沌不明的局勢下做出的，因而引發不少危機。譬如有一次，美軍為了迫使一艘蘇聯潛艇浮上水面而投下深水炸彈，殊不知，那是一艘攜帶了核子武器的潛艇，而且他們還差一點就要啟動武器發射裝置反擊。還有一次，束手無策的卡斯楚寫信給赫魯雪夫，建議蘇俄先發制人，以核武攻擊美國，幸好老謀深算的赫魯雪夫並未多加理會。

儘管雙方都動用了軍事資產，但幸好雙方都很克制，因為飛彈發射場也已經能夠運作，但雙方最終還是透過談判（而非軍事行動）達成協議，和平解決了這場衝突。該項協議的重要內容包括：蘇聯將於次月在聯合國的監督下移除飛彈發射場，而美國則須停止檢疫，並且承諾兩件事做為交換。其一是美國必須保證「不入侵」古巴；更重要的是第二點，美國必須將部署在土耳其和義大利的飛彈拆除，以消除對蘇聯造成的威脅。不過這當中還出現了一段小插曲，美國因為擔心移除飛彈會被視為軟弱，所以要求此事必須祕而不宣，如果赫魯雪夫公開宣布美國將移除飛彈，那美國將無法履行承諾。換言之，赫魯雪夫雖然談成一樁很棒的交易，卻不能對外張揚他的勝利。這場差點引發核武大戰的僵局，最終能夠這樣順利落幕，算是相當圓滿的結局，所以赫魯雪夫同意了美方的要求。

隔年，美國依照約定移除飛彈，但之後沒多久，赫魯雪夫卻黯然下臺；這至少有一部分要歸咎於蘇聯各界認為是美國在這次僵局中「獲勝」了。數十年後美國才公開承認，當年甘迺迪總統其實曾提出交換條件，以美國移除飛彈換取蘇聯拆除飛彈基地。

展現同理心能替己方創造更多選項

這次危機之所以能順利解除，多虧了甘迺迪總統願意站在赫魯雪夫的角度看待局勢。[5]當時若單從美國的角度來看此事，多半會認為蘇聯是個無端挑釁且不負責任的缺德國家，利用謊言與誤導取得軍事上的優勢。

但如果是從談判的角度看事情，就一定會著眼於更重要的問題，**對方是如何看待自己的行為？**事實上，如果甘迺迪總統不願以同理心思考，蘇聯為何對自己的作為理直氣壯，他恐怕不會嘗試透過外交途徑解決爭端。一旦開始談判，美國必須搞清楚蘇聯真正的動機與疑慮，雙方的爭議才可能解決，這就是同理心的力量與承諾。

人們常誤以為，只有在想當好人時才需要發揮同理心，或認為這是弱者的工具。這樣的想法是大錯特錯。談判者之所以要對敵人展現同理心，並非是要向壞人「示好」或展現「開明」的態度，而是因為**同理心更能幫我們達成想要的目標**。以古巴飛彈危機為例，要不是甘迺迪總統將心比心，從赫魯雪夫的立場看待此事，就不可能透過談判解決該次衝突。若非甘迺迪總統體認到，美國在土耳其和義大利部署飛彈，的確會令蘇聯倍感威脅，美國絕不可能考慮撤除那些飛彈；而此舉，正是古巴飛彈危機最終得以順利化解的關鍵。如果只是一味地怪罪對方的行動為無理取鬧或沒安好心，就絕不可能做出這樣的讓步。

不論是哪一種類型的談判，愈能夠設身處地試著理解對方的動機、利益與限制，就會想出更多可能化解僵局或爭議的備案。換言之，當展現同理心時，受益的並非是對方而是你自己。例如：當老闆拒絕員工的加薪要求，便立刻認定對方是冷酷無情的人，或是把作風強勢的合作夥伴視為貪婪的人，或是把政治立場不同的人貼上不懷好意的標籤，我們就局限了自己的選項。老闆或許真有不得已的苦衷，合作夥伴或許真的認為他的要求是合理的，政治對手或許真心相信他們的作為才是利國利民的。如果我們未能發掘出對方真正的想法，就很難消弭衝突或是找出雙方的共同點，也很難幫助彼此消除重大疑慮，更遑論發揮創意，想出合乎雙方利益的解決辦法。**同理心能夠提供更多解決衝突的選項**，並讓雙方達成協議，雖然同理心不一定保證成功，但缺乏同理心一定會失敗。

> **雙贏談判**
> 同理心能夠提供更多解決衝突的選項，你愈清楚理解對方的觀點，你們就愈能找出雙方都接受的解決方案。

理解敵人是解決衝突的關鍵

我們大多數人都認為自己是相當善解人意而且很有同理心，但如果遇上那些做出可惡或令人費解之事的人，我們就很難展現同理心，然而這正是最需要發揮同理心的時候。你對朋友早已知之甚詳，但理解敵人卻是解決衝突的關鍵。

不過大家千萬不要把同理心跟同情心混為一談，我們的**目標是要了解某人為什麼會做出某種行為，但這並不表示，我們要贊同他們的作為或目標**。理解人們的行為與合理化他們的行為是不一樣的，不管我們對某些人的評價有多糟糕，如果不打算與對方全面宣戰，或即便是真的與對方槓上了，都必須搞清楚，對方為何會認為他們的行為是適當的。在處理棘手談判與嚴重衝突時，你該做的是理解對方而非認同對方。

羅伯特．甘迺迪認為，後世子孫應從古巴飛彈危機學到同理心的重要，並懂得關照對方的憂慮：

> 古巴飛彈危機教給我們的啟示，是要能將心比心考慮到對方的立場。所以甘迺迪總統花很多時間仔細評估，對赫魯雪夫或是蘇聯採取某種行動路線，會產生什麼樣的效應，並極力避免使赫魯雪夫以及蘇聯感到難堪。[6]

雙贏談判

對於看似最不配獲得關注的人，最需要展現同理心；他們的行為愈是離譜，理解這些行為的潛在利益就愈大。

別立刻定罪對方

美國對古巴實施檢疫之後不久，便有一艘蘇聯船隻接近攔截線。有人認為應該將船隻攔下並登船檢查，但甘迺迪總統聽從一名執委會顧問的建議，讓船平安通過，因為他判斷，該船的船員可能還不知道有檢疫這回事。無獨有偶地，一架美軍U-2間諜機在古巴領空被蘇聯飛彈擊落，雖然執委會在意外發生之前就已經決議，往後這一類行為將成為美軍立刻還擊的理由。當時的國防部長麥克納馬拉表示，對美國人開火的行為「代表蘇聯方面決定升高衝突，因此在我方派出U-2機之前就已經決定，如果飛機被擊落，將不再需要開會討論，就可以直接發動攻擊。」[7]不過當間諜機真的被擊落時，甘迺迪總統並未聽從軍方領導人要求立即報復的建言，他認為那有可能是一場意外，正值緊張情勢高漲之際，赫魯雪夫不大可能會下令這麼做，**最好別立刻斷定對方是惡意的**。事後證實，甘迺迪總統的推斷是正確的，赫魯雪夫並未下令擊落間諜機。

避免衝突升溫的方法之一，是給彼此多留些餘地，別急著採取動報復行動。被別人推擠時，別立刻發火，先弄清楚那真的是推擠嗎？是故意的嗎？對方為什麼要推你呢？如果對方繼續推你，或者你確定對方是故意或惡意的，那麼你再還擊也不遲（當然還有別的選項）。把報復對手的條件訂得精確固然沒錯，但如果能留下一些斟酌空間則會更好。就像當年甘迺迪總統在危機持續期間，之所以能避免衝突升高，是因為他不會一口咬定錯在對方，而會先確認對方是否真的明白哪些是不能跨越的紅線，降低誤解或冤枉對方的可能性。如果當時只要一認定蘇聯違規，甘迺迪總統就立刻予以報復，那美蘇之間的衝突恐怕會升高到危險程度。

雙贏談判

給人留些餘地。別急著報復而忽略了對方有可能是不小心或搞錯，以免造成不必要且不適當的衝突升高。

策略彈性和言出必行是一體兩面

但給人餘地是要付出代價的，系統中的轉圜空間愈大，那麼當你選擇不報復時，被視為軟弱或優柔寡斷的可能性就愈高。如果對方是不懷好意的投機分子，還可能會趁機得寸進尺。基本上，策略彈性與言出必行兩者之間一向很難拿捏。甘迺迪總統每次決定讓蘇聯享有「無罪推定」（the benefit of the doubt）的寬容待遇時，其實自己都承擔了言而無信的風險。

言出必行是別人對我們履行承諾的評價，能幫我們說服他人做出適當的行為。策略彈性是指，當信守承諾看起來並非明智之舉時，能夠決定改弦易轍，這種調整空間，能讓我們做出最佳的抉擇。一般人都希望能盡量兼顧二者，但如果我們在策略彈性這個面向投資較多，那我們得到的信用（言出必行）就比較少，反之亦然。例如：公開承諾你將採取某項策略，會提升信用，但選擇其他方案的彈性就會相對減少，否則就會淪為出爾反爾。私下承諾雖然能讓你擁有較大的彈性，卻也顯示你對該選項並沒有那麼力挺。

雙贏談判

策略彈性與言出必行通常像魚與熊掌般，難以得兼。

別把自己逼到牆角

有時候因為履行之前所做的某個承諾，像是給對方最後期限或最後通牒，恐怕會引發大災難，於是覺得失去一些信用似乎無傷大雅。但有的時候，即便信守承諾要付出極大的代價，還是會決定說到做到。雖然策略彈性與言出必行兩者，往往會顧此失彼很難兼顧，但還是可以明智地加以處理，只要依循一個簡單的原則，就可免掉很多衝突，**不要隨便撂狠話**。對於你無意為之的事情，固然不要隨便撂狠話，如果不必做某件事就可以達成目標的話，就更是不必撂狠話。換言之，除非萬不得已，否則別隨便向對方下最後通牒。

雙贏談判

除非你真的打算那麼做，否則不要輕易向對方下最後通牒，而且即便到萬不得已時，你還是應該盡力尋求不致犧牲策略彈性的方法。

別把對方逼到狗急跳牆

其實對方也有相同的問題，他們同樣必須權衡，該言出必行還是應面對現實改弦易轍。這就是為什麼從甘迺迪總統的觀點來看，決策的真正風險並不在於赫魯雪夫是個邪惡或非理性的對手，而是當你不反擊便會被視為言而無信且膽小怯戰時，很可能就會落入不惜力戰的陷阱。因此當時甘迺迪總統的策略，是盡量不要把赫魯雪夫逼入這樣的險境。羅伯特·甘迺迪在他的回憶錄中指出：

雖然我們一致認為，美蘇雙方其實都無意在古巴掀起戰爭。但任一方皆有可能迫於「安全」或「自尊」或「面子」而採取行動，逼得對方同樣因「安全」或「自尊」或「面子」而反擊，這樣你來我往的結果，導致衝突升高且最終演變成大戰。總統極力想要避免這樣的情況……我們不想誤判或錯估或沒事找碴挑釁對方，逼得對方做出原本沒打算或預期的行動。[8]

雙贏談判

千萬別逼敵人為了保住顏面而選擇做傻事。

別以為對方跟你一樣熟知內情

古巴飛彈危機發生數天後，執委會已經決定採取「漸進式」策略。接下來，甘迺迪總統必須向國會領袖報告古巴危機的最新情勢，以及美國打算如何因應。不過過程並非一帆風順，議員們砲聲隆隆，猛烈抨擊總統的策略不夠周全、太軟弱，很可能讓蘇聯益發得寸進尺。可想而知，甘迺迪總統和執政團隊相當沮喪，羅伯特·甘迺迪與多位執委會成員強烈認為，國會的想法太過天真、太短視近利，且會危及全世界。我認為甘迺迪總統對他弟弟所說的一番話，特別能夠彰顯出甘迺迪總統的人格特質。羅伯特回憶當時他哥哥是這麼說的：

與國會領袖的會議結束時，他非常沮喪。不過稍後我們再討論此事時，他的情緒已經較為平復，並指出，國會領袖普遍支持的強硬立場，其實跟我們第一次聽到飛彈事件時的反應不相上下。[9]

誠如甘迺迪總統所言，執委員成員是經過好幾天的閉門會議，大家集思廣益、反覆辯論、改變想法，不急著做出倉促的決定，然後才得以從原本看似理所當然的反應中，領悟出事情沒那麼簡單。他們可是經過上述這一番歷程，才得以做出不可硬碰硬的結論，以及漸進式做法雖然不夠完善，但終究是比較好的選項。所以甘迺迪總統告訴他的弟弟：「我們怎麼能奢望國會議員剛聽到此事，就達到我們經過好幾天才到達的境界？」雖然甘迺迪總統本人也對國會的反應感到擔憂，但他還是提醒羅伯特不要苛責國會，也別要求他們當下就達到跟執委員成員一樣的標準。

甘迺迪總統點出了社會學家所謂的「知情之害」（curse of knowledge，通譯為「知識的詛咒」），而這裡所說的「害處」，其實是指當我們知曉某件事之後，就很難體會不知情者的感受。換言之，一旦人們知道了某件事，或是獲得某個結論，就很難體會不知情者的心態，因為不久前，我們自己也是個不知情的局外人。而這種無法體會不知情者想法的害處，會使得知情者抱持的一片好意遭到曲解。例如：想要鼓勵子女（用功念書）的父母、想要教育學生（認真求知）的老師、想要激勵部下（努力打拚）的領導者，以及想要說服對方（達成協議）的談判者。在上述所有情境中，我們認為人盡皆知之事，對方可能是毫不知情的，如果忘了這點，非但對自己沒有任何好處，同時也不代表對方就有錯。

> **雙贏談判**
> 小心別犯了知情者的通病，一旦我們知悉某事之後，就無法同理不知情者的感受。

要講觀眾聽得懂的主張

「知情之害」倒是提醒了我們，不論是外交人員還是想要撮合交易的談判者，千萬別以為自己準備了一堆主張，就可以說服對方、贏得勝利。我們還得為對方做好準備才行，因為要弄清楚，要先讓對方看到、感受、體會或理解哪些事情，他們才能理解我們的主張與觀點有哪些優點。就算提出了最合理的主張、最划算的提案、最高明的想法，只要對方聽不懂、無法理解及正確評估，一切都是枉然。

雙贏談判

別只顧著準備你的主張，還得讓對方聽得懂才行。

哈佛大學的談判課程每年都會頒發「年度最佳談判人獎」，得獎者來自各行各業，包括外交人員或仲介人員，甚至是藝術家。頒獎當天在進行問與答活動時，得獎者一定會被問到這個問題：**優秀的談判者需要具備哪些特質？**在聽過十多位來自不同文化與不同背景的獲獎者的回答後，答案便呼之欲出。其中有項特質幾乎每位獲獎者多多少少都會提到──**同理心**。不論是哪種類型的談判，商業交易、種族衝突、工作邀約、夫妻吵架，試著理解對方的想法都是非常重要的。

當努力搞清楚對方的觀點，就能夠找出更多降低衝突的方案，並達成雙方都能接受的結果。但這麼做並非易事，有時候難免會遇上心懷惡意、圖謀不軌的人，就要多加小心提防。這時候同理心有什麼幫助呢？在下一章中，就要來討論這樣的情況，並且看看，以同理心談判能夠造就什麼樣的神奇結果。

第 14 章

同理心的進階應用——美中跨國投資的沙盤推演

這是我幫一家美國科技公司，與一家中國大陸公司談判一項商業協議的案例。[1] 在我參與談判的一年前，雙方已經簽了一份「聯合開發協議」，約定中方提供資金給美方開發產品與測試技術，以及設計和興建一座工廠製造產品。美方則必須讓中方優先試用產品，並與中方的工程師一起合作，協助他們準備一份最終協議。雖然雙方都沒有簽署這份最終協議的義務，卻都看到了合則兩利的巨大商機。

前述的聯開協議其實是一份產品開發時程表，裡面訂了許多里程碑，每一個都載明其中一方或雙方應負的責任（例如：提供數據、分享預測、交付款項）；每達成一個里程碑，雙方會簽結它的完成，然後朝下一個里程碑邁進。起初一切進展順利，但情勢突然出現變化，中方拒絕簽結編號 2.8 的里程碑（M2.8）；這個里程碑要求美方在七月底前向中方報告產品的十次測試結果（效率、耐用度等），美方不但如期完工，而且測試結果相當優異，十次測試中，有九次的結果都是明顯優於標準，至於第十次測試，也僅是些微低於標準，並沒有糟到會對產品產生實質影響的地步。由於之前一些偏離標準更大的里程碑都過關了，所以我方認為這次應該也會順利簽結才對。但如果對方存心要刁難第十次測試結果，他們是可以這麼做的，而他們也真的這麼做了。

在正常情況下，聯開協議中的里程碑延遲或中斷一次，並不是什麼大問題，但這回中方不願簽結，卻令我的客戶頭痛不已。那是因為數個月前，我的客戶與創投金主協商要求增資時，同意在合約裡加入一條相當奇怪的條款。當時其中一位創投金主認為，我客戶提出的估值相當高：在未來一切順利進行、且產品如期上市的前提下，公司估值可高達近兩億美元。怎樣才能讓創投金主相信，未來兩年所有事情都可以順利搞定？我相信當時雙方肯定是基於合理的考量，我的客戶才會與創投金主達成以下的折衷方案：如果未來幾個月公司的運作一切正常，以中方在九月底前簽結 M2.8 做為唯一的評估標準，那麼創投金主便認可公司的估值為兩億美元，否則估值將立刻腰斬為一億美元！換言之，順利簽結 M2.8 價值一億美元。

誰知中方竟在八月的第一週拒絕簽結 M2.8！當我方催促中方簽結時，他們卻突然要求我方別再執著於聯開協議，而應該開始討論那份商業協議，因為「那才是重點」。當我方再度請中方簽結 M2.8 時，他們的回應更加令我方傻眼：「現在就先別管 M2.8 跟聯開協議了，我們開始談判商業協議吧，我們會在跟你們簽下商業協議的同一天，簽結 M2.8。」

我要先在此澄清兩件事，其一是聯開協議裡記載的里程碑，跟商業協議兩者之間並無任何關連，之前雙方也從未曾討論過，要把這兩個協議綁在一起，為什麼中方會突然提出這樣的要求？其次，如果我方同意中方將 M2.8 的簽結與商業協議綁在一起，將使中方的談判籌碼大增。要不是他們以延遲簽結 M2.8 做為要脅，我方將可以談成一份很有利的商業協議，因為我方並未承諾一定要與中方簽約，還有很多公司想跟我方交易。只不過中方已經在這段關係上投資了不少錢，所以我方原本即屬意跟中方簽約，如果沒有 M2.8 從中作梗，我方將會有很大的籌碼，捍衛我們在商業協議中的利益。但現在中方手上卻握有一張非常重要的王牌：拖延簽結 M2.8，直到我們同意他們的條件為止。這情況形同一億美元的價值遭到挾持並當做人質。

難道中方發現我方跟投資金主的約定嗎？我方認為，中方絕不可能看到我們跟創投金主簽定的投資意向書，也不認為創投金主會將消息洩露出去。那有沒有可能是幾個星期前，我方在與中方討論時，無意間讓中方發現了 M2.8 的重要性，或是不小心顯露出著急的神情？這些當然都有可能。總之，現在問題很嚴重，我們該怎麼做呢？

不要急著解決困境，先找出真正的問題

目前的情勢令我方非常焦慮，但也有些生氣，畢竟雙方之前在誠意滿滿的氛圍下合作了一年，沒想到現在合作夥伴卻拿我們公司的價值做為要脅，想逼我們在商業協議上讓步。我方雖然想出了幾個因應方案，但都不夠高明：

一：**同意把焦點轉移到商業協議上**。我們可以回應對方的要求，開始談判商業協議，並希望能在九月底前順利搞定。要在四、五個星期內談成一樁交易並非不可能，但這麼做有風險，因為如果到九月下旬還未能達成協議，我方有可能被迫做出很大的讓步。

二：**開誠布公**。或許我們誤會對方了，他們既不知情也非心懷惡意，他們之所以慢吞吞地處理M2.8，純粹是因為他們覺得這件事沒那麼重要。如果真是這樣，那不妨把我方跟投資金主談判的實際狀況告訴中方，並要求他們盡快簽結M2.8。但此舉也有風險，就算他們並非圖謀不軌，但如果我們把急著簽結M2.8的事全盤托出，難保對方不

會把此事當做談判籌碼。

三：**擺出強硬態度要求對方盡快簽結 M2.8**。我們可以擺出更強硬的姿態，並威脅他們，如果不盡快簽結 M2.8，我們就拒絕跟他們簽訂商業協議。但是這個策略不僅有很多風險，而且會嚴重危及雙方的關係，更何況雙方撕破臉並無益於我們公司價值減損一事。

四：**與創投金主商量**。我們不妨再跟創投金主協商，看能否拿掉投資意向書中的估值減半條款。我們可以合法主張，M2.8 不再是一個適當的評量方法，而且會害公司損失很多錢。

前三個選項都各有風險，至於實際嘗試的第四個選項，也未得到想要的結果，創投金主雖然明白我們的處境，但尚未應允變更鑑價條款。我們只得抱著一線希望，繼續與創投金主交涉，盼等到九月底萬不得已時，他或許會願意展現一些彈性。其實我方團隊裡的大多數人都支持第一個選項，搞定商業協議，雖然合作「夥伴」的行為令人費解，但達成一項交易還是值得一試的。

不過或許還有別的出路。

我認為真正的問題，是我們根本搞不清楚該解決哪個問題；換言之，我們還是不清楚中方不願意簽結 M2.8 的真正原因。我們推測有兩種可能性：(a) 中方存心想占便宜，所以利用此事當做談判籌碼；或者 (b) 中方根本不在意聯開協議，所以才會理所當然地認為直接簽商業協議就好了。還有其他的可能性嗎？儘管我們在不同場合再三詢問對方，究竟為什麼不肯簽結 M2.8，但始終得不到明確的答案，而且他們不接受第十次測試結果的理由也很牽強。於是我們決定從別處尋找答案，於是找來公司裡跟中方有接觸的人加入討論，大家一起腦力激盪，想想**中方不願簽結 M2.8 的可能理由有哪些**？經過一番努力之後，又再找出另外兩個我們不曾想到的可能性：

1. 真正的關鍵可能在下一個里程碑，也就是 M2.9。因為 M2.9 規定，當 M2.8 完成後，中方的「計時器」將立刻開始啟動，他們必須在十二個月內建好工廠，以便製造產品。該不會是他們進度落後，所以故意拖延 M2.8 的簽結，好為 M2.9 爭取更多時間？如果中方的進度落後，那麼簽結 M2.8 就會對他們的首席工程師形成極大的壓力，而簽結正好需要他們公司的執行長、一名董事以及首席工程師這三個人的簽名。我們原本以為會在董事會中替測試結果發聲的首席工程師，卻成了最不想讓我們過關的人。

2. 另外一個可能性是 M3.1，這是個付款里程碑。在 M2.8 達成之後，如果接下來的 M2.9 及 M3.0 也都順利達成，那麼很快就會輪到 M3.1。到時，中方必須再付給我們兩百萬美元，難道他們故意拖延 M2.8 的簽結，是想晚一點再付款嗎？對方之前便曾多次抱怨，他們怎麼一直要開支票給我們，我們明明看起來根本不缺錢，況且又不保證一定會跟他們簽定商業協議。

由於不知道該解決哪個問題，且中方絕不會承認他們有上述任何一種動機，所以我們決定兩個問題都必須解決。但光是解決中方的所有問題還不夠，我們還必須確保，他們會基於互惠原則而盡快簽結 M2.8。於是我們向中方提出一個三管齊下的提案：(a) 我們向對方表明，因為第十次測試結果不盡令人滿意，所以我方願意做出讓步，與他們一起修改付款條件，以及十二個月的施工時間表；(b) 他們則同意等 M2.8 簽結之後，再談商業協議的事，以做為交換；(c) 如果到九月十五日 M2.8 還未能簽結，我方將暫停與他們合作，直到 M2.8 簽結為止。總之，我方已經盡可能展現最大的彈性，配合中方的需求，希望能換取他們同意，等到 M2.8 簽結之後再談判商業協議。這是招險棋，不過他們同意了。接下來的幾個星期，我們談妥了一份分期付款的協議，也跟中方的首席工程師一起修改了施工時間表，我方並提供一些工程上的專業協助，讓對方能順利履行十二個月的交廠期。跟公司的估值以及提早洽談商業協議的風險相比，這些讓步堪稱是微不足道。

在幾個星期內，大家不但同心協力合作，而且關係大幅改善。各方都覺得自己的心聲被聽見了，也未再提及第十次測試結果。但萬萬沒想到，最後一個危機卻在此時浮現，雖然很多方面都有長足進展，但時間已經拖到九月二十七日，我方卻還是沒獲得 M2.8 的簽結。現在只剩下作業方面的問題，中方還沒準備好正式簽結的人力及文件，不過他們承諾，會在兩個星期內把文件送到。我方該怎麼做呢？

那晚我們決定使出最後一項法寶──向他們全盤托出。我們告訴中方的執行長，如果無法立刻拿到簽結，我們公司的估值將會被減半。我們為什麼這麼做？我們不是一直不願意告訴對方這件事嗎（我稍後會再回頭解釋這麼做的理由，這絕非狗急跳牆之舉）？我們告訴中方的執行長，正式文件可以稍後再送來，但是隔天就必須讓創投金主看到他寄給我們的電子郵件，裡頭寫著我們已經達到 M2.8 的要求。我們甚至表示願意幫他寫好內容，他只需要複製再貼上即可。他隔天便把這份電子郵件寄給我們，而我們公司的估值也順利保住了。

盡力找出對方這麼做的所有理由

一般人都以為如果遇上了極有權勢、且看似會不擇手段的談判對手，我們能採取的對策就會受到局限。這樣的想法是錯誤的，我們之所以無法立刻想到很多備案，是因為弄錯了潛藏於其中的真正問題。只要我們轉念，別再一味認為對方存心想占便宜，事情就可能出現轉機。我們應該摒除一切成見，只問**對方究竟為什麼會這麼做**？

遇上了行事囂張霸道、不講理、不公平或不道德的談判對手，不要一口咬定對方是圖謀不軌或顢頇無能，而應盡力找出令對方做出這些行為的所有可能因素。當然也有可能在盡力調查之後，證實對方的確就是存心要占便宜或是故意要害你。不過最好還是別在談判一開始就先這樣推定，因為在許多案例中，通常都有其他因素從中作梗。就拿本案來說吧，雖然中方利用阻撓M2.8的簽結，以換取更好的付款條件，以及較充裕的施工時間表，不能算是光明磊落的做法，但我方也心知肚明，對方有可能覺得投資與回報不成比例，所以認為拖延支付後續兩百萬美元的款項並不過分。我方的某些成員也指出，中方工程師的做法也是情有可原。他可能打從一開始就認為，那份施工時間表不切實際，再加上要是屆時進度真的落後了，他不敢指望我們會放過他，所以他才會技術性地利用第十次產品測試當做爭取時間的工具，因為他認為那是我們虧欠他的。在我們看來或許這些都是小事，但對他們來說，可能是非常嚴重的大事。幸好我們沒有一口咬定中方就是貪得無厭，而是可能另有隱情，因而得以順利找出更多解決雙方衝突的方案。

雙贏談判

別在談判一開始就斷定對方是無能或惡意，而應盡力找出對方這麼做的所有理由。

阻撓談判的三種障礙

並不是所有談判都一定能成交或達成協議，如果你提出的最佳條件，怎樣都無法達到對方的要求，那談判當然會破局。但如果遇上了彼此契合的對手，要不是因為某個障礙從中作梗，你們極有可能談出個皆大歡喜的結果，若因此而無法成交就太可惜了。在開始任何重要的談判之前，不但要考慮對方的所有可能動機，還應該預先設想可能阻撓成交的所有因素。

阻礙成交的因素有哪些？一般來說，談判者可能會遇上三種障礙：

心理上的障礙：這類障礙存在於人們心中，例如：不信任、目中無人、不喜歡對方、脾氣大、過度自信，以及對何為「公平」抱持偏差的看法（biased perceptions of fairness）。

結構上的障礙：這是跟當下的「遊戲規則」有關的障礙，例如：時間壓力、邀集錯誤的當事人上談判桌、誤用了與你動機不一致的代理人、過多媒體關注、無法取得充分的資訊、受制於其他交易或協議令你不得不提出某些腹案。

戰術上的障礙：因某一方的行為與選擇所造成的障礙，例如：公開表態支持一個站不住腳的立場、會挑起對方報復的戰術、目光短淺未能考慮到各方的利益、拒絕交換資訊等。

對於複雜的談判與棘手的爭議，可能無法預先想到全部的阻礙，也無法去除看到的所有障礙。但搞清楚遇上的是哪種障礙，並提出適當的對策，至少能增加成功的機率。你愈快搞清楚需要克服哪些障礙，不論是消除對方的不信任、蒐集更多的資訊、帶正確的當事人上談判桌、進行閉門談判，或是先發制人採取強硬戰術，都會好過一廂情願地認為，一定能夠談成皆大歡喜的交易。你愈是能夠仔細評估可能遇到的所有挑戰，並且周全地考慮到能運用的各種工具和戰術，談判成功的機率就愈高，才不會白費工夫。

> **雙贏談判**
> 在談判的整個過程中，從一開始就要查清楚所有可能阻撓成交的心理、結構與戰術障礙。

考慮所有阻礙，多管齊下

想像你正走在街上卻突然遭人攻擊，你出於本能立刻握緊拳頭，並且朝對方的腦袋K下去。盛怒之下的你無暇多想，只顧得用拳頭反擊對方。這種出於直覺的自然反應，算不上是最有效的做法，若遇上個厲害的高手就更沒輒了。你應該使出渾身解數，不要只鎖定一個目標，也不能只靠一種方法攻擊。經驗豐富的格鬥家會使出所有能用的工具（雙手、雙腳、膝蓋、手肘，還有身旁隨手可取得的防衛工具），並且評估所有可以攻擊的目標。

同樣的道理也適用於外交和商業談判，高明的談判者會使出渾身解數，考慮能夠運用的所有工具，以及鎖定必須去除的所有障礙。就像為了使M2.8能夠順利簽結的談判，我方必須想好有哪些可能的障礙必須排除，例如：中方工程師的完工期限、中方執行長堅持簽訂商業協議才繼續付錢的想法，以及投資意向書中的估值腰斬條款。還得認真思考，能夠用來去除那些障礙的手段，例如：與投資金主協商、邀集公司其他同仁共商對策，以了解中方的動機、更改中方的付款條件、運用我方的技術資源幫忙化解中方工程師的煩惱，以及向對方撂下不盡快簽結就拆夥的狠話。如果當初我們只使出「硬招」（威脅要走人），或是只使出「軟招」（滿足中方的付款與時間表的需求），恐怕都不會成功，必須使出渾身解數，同時運用各種有效的策略才行。

雙贏談判

使出渾身解數，考慮所有的阻礙，並從各個方向多管齊下，把你能用的所有手段全都派上用場。

不要理會最後通牒

當對方做出充滿敵意的行為，我們卻還要以冷靜態度評估對方的行事動機，並且耐心十足地設想各種適當的解方，這可不是件容易的事。倘若對方不但咄咄逼人，還不斷放話威脅，甚至對我方祭出最後通牒，那就更不容易對付了。

但不論談判的規模是大是小，難免都會遇上對方發出最後通牒的狀況，例如：「我方將永不……」、「不管任何情況下我們都不……」、「你必須……」，或「那是不可能的」。在絕大多數情況下，我個人處理最後通牒的原則其實滿簡單的，不管是哪種類型的談判，也不管是誰發出最後通牒，我的原則就是不予理會。既不會要求對方講清楚他們是什麼意思，也不會要求對方再重複說一次。總之，我不會對那個最後通牒做出任何反應或回應，而是當做沒這回事。因為一天或一星期之後，甚至是數個月或數年之後，對方終究會明白，當初他們撂狠話絕不會做的事，其實正是他們必須做的事，或是對他們最有利的事。當時機到來時，我可不希望對方想起來他們曾經說過那些狠話，也不希望對方擔心我會想起來他們曾經說過那些話！如果我不理會對方發出的最後通牒，他們就不必為了面子問題而死守住那些狠話，從而比較容易改弦易轍。我不希望自己逼得對方為了堅守當初的最後通牒，而不去做對他們（以及對我方）最有利的事。

當然有時還是會遇上對方認真的最後通牒，那麼不予理會是不是會有危險呢？倒也不至於，因為如果最後通牒是玩真的，那麼對方就會透過各種形式與方法，再三重申。我會根據對方的人品與當時的狀況，判斷要不要把最後通牒當回事。畢竟有很多時候，最後通牒未必是對方真正的「紅線」，或是使談判破局的關鍵因素。有時候人們只是很生氣或心煩意亂，所以才會講出咄咄逼人的話。有時候則是覺得一再被人欺負，所以現在想要宣示自己也有控制權。還有些時候，特別是不同文化之間的談判，是因為當事人所強調的事情，在翻譯上出錯，或是彼此之間溝通的語氣有差異所致；有時候對方只是想強調他們很重視某些事，或是想要拗你做出更大的讓步。在上述所有案例中，對最後通牒不予理會，有助於避免雙方當事人被對方的話語所束縛。

雙贏談判

不要理會最後通牒。你愈是當真，日後情勢改變時，對方就愈難反悔。

替最後通牒換個說法

我所謂的「不理會最後通牒」策略，有幾種相當管用的不同做法，其一是改述最後通牒，例如：當對方表示：「我們絕不可能做X事。」那我就會這樣回應：「基於眼前的情勢，我能理解您為何很難做X事……」這麼一來，我就把對方原本斬釘截鐵毫無轉圜餘地的說法，變得稍微有些彈性。如果最終對方覺得做X事其實才是對的，那他們就可以順勢找到臺階下。藉由點明他們是受限於「眼前的情勢」（而非永遠如此），所以「很難」（而非絕不可能）採取某項行動，我們就形同給了對方在日後或是在交易條件略微不同的情況下，可以去做X事的選項。

雙贏談判

替最後通牒換個說法。以較委婉的說法改述最後通牒，好讓對方在日後比較容易改弦易轍。

今天不能談，不代表明天也不能談

情勢會改變，而且新的機會有時會浮現；今天辦不到的事情，未來有可能達成，但是你必須做好準備把握契機。切記，即便是努力想要消除對方的疑慮，也未必能澈底解決問題。在距離最後期限只剩下幾天時，我們不得不告訴中方的執行長，為什麼非得讓M2.8簽結不可，為何這麼做？是因為現在已經無計可施了嗎？非也，事實上，即便只剩下三天，我們也不至於走投無路。因為已經預先做好防範措施，確保對方無法利用此事，來刁難並逼我們簽下商業協議。因為我們早就預期到，有一天必須向對方公開此事的可能性，所以才要求等M2.8簽結後，再開始談判商業協議。就是因為這樣，商業協議才會整整一個多月沒有任何進展，而且連八字都還沒一撇。而此刻，在離最後期限只剩下三天之際，中方的執行長已不可能再利用我方的弱點，從商業協議中搾出好處。如果這時候他還執意不肯簽結M2.8，唯一的可能原因是他想要傷害我方，但是他應該不會想對未來的合作夥伴，做這種損人又不利己的事吧。

我們能夠安全運用僅存的選項──開誠布公，是因為一路以來我們一直戰戰兢兢地布局，謹記「小心駛得萬年船」的古訓。打從八月初祭出的第一個策略，乃至於整個談判過程，我們從未忘記，對方比我們占上風之處，並非我們需要他們簽結 M2.8，而是在於他們可以利用我們需要簽結 M2.8 一事，在商業協議的談判上壓榨我們。只要剝奪對方的這個能力，他們就無法在最後期限逼近時，拿簽結 M2.8 來要脅我方。而能夠達此目的的方法，是我方要求把商業協議的談判往後延。

不論是哪種談判，你都必須隨時留意策略性環境的最新發展，以及如何打造這樣的發展。請記住，**今天談不攏的事或許明天就能談成**。在談判初期看似莫名其妙的戰略，日後有可能變得切實可行或有利可圖。你在談判第一天所做的分析或策略，有可能到隔天就不管用了。或是對方在一個星期前還不願意接受的提案，現在卻同意採納了。他們明天會怎樣看待世界，有可能跟今天的看法截然不同。

對方打算怎麼談，不僅會在未來數週、數月或數年出現變數，而且還可能受到你採取的行動所影響。古巴飛彈危機案，不就是如此嗎?當甘迺迪總統提醒他的弟弟羅伯特，不可能要求國會在得知消息的第一天，就認同總統採取的路線，但這並不表示他們不會在未來數天或數週內改變觀點。同樣地，在我們與中方的交易中，雖然在一開始覺得，對中方開誠布公風險太大，但是一個月後這麼做卻可行了，因為這時候我們已經成功去除了對方能夠逼我們讓步的能力。一九九二年的 NHL 薪資集體談判也是如此，雖然球員霸王硬上弓的做法有可能破壞未來的勞資關係，但此舉確實凸顯出時機在談判時的重要性。球員明白**何時**談判與**如何**談判一樣重要，所以他們並未在球季一開始便罷工，而是等到對方的替代方案相對無力時才罷工。

光是了解所有當事人的想法還不夠，我們還需繼續追蹤這些想法在一段時間，看看之後是否會改變，以及將如何影響談判。

雙贏談判

今天談不攏的事或許明天就能談成。想想如何為所有當事人打造適當的誘因與選項，使未來的談判嘗試更成功。

當然在你試著理解對方的觀點後，有可能發現對方相當固執己見，很難影響或改變，所以下一章就要來探討這樣的狀況，並看看有沒有辦法化解僵局。

第 15 章

借力使力——阿拉伯國王引進科技借助宗教認同

時間回到一九六五年，沙烏地阿拉伯的費瑟國王遇到了一個難題。剛登基不久的他，為了財政與社會改革而忙得不可開交；其中有項重大改革，是讓人民享有「無害的休閒娛樂」。為此，費瑟國王想將電視引進沙國，但問題是並非所有沙國人都認同電視是一項無害的科技。許多篤信宗教的保守派人士把電視視為魔鬼的傑作，甚至在某些宗教狂熱分子眼中，電視甚至等同於撒旦或美國。想要引進電視這項科技，必定會遭到宗教界的強烈反對，怎樣才能說服大眾，相信電視並非是替魔鬼代言的工具？其實費瑟國王並不是第一位遇上這種難題的沙國君主，他的父親阿濟茲國王，也曾面對過類似的困境。

當時是阿濟茲國王主政的一九二五年，他是一位雄才大略的統治者，在任內完成沙國的統一。阿濟茲國王雖然廣獲神職人員的支持，不過他想要把電報與電話這兩項現代科技引進沙國，依舊困難重重。或許有人已經猜到箇中原由，沒錯，某些極有影響力的宗教界人士認為電磁波能夠用來通訊的唯一合理解釋，是撒旦搞的鬼。我們很難推斷他們是真的害怕，抑或只是反對沙國現代化，但不管是哪一種狀況，不先消除宗教界的疑慮，就很難引進任何先進科技，所以現在該怎麼辦呢？

有時是要消除憂慮，而不是堅持己見

阿濟茲國王相信，想要平息宗教界的反對，唯有「以教制教」一途。所以他邀集一群宗教領袖前來王宮，並請其中一人手持麥克風誦念《可蘭經》上的一段經文，再請另一人站在遠處。當念經聲從另一頭的揚聲器傳出時，阿濟茲國王隨即搬出令反對者啞口無言的說法：如果這機器是魔鬼的傑作，那它怎麼可能清楚傳送出《可蘭經》的經文呢？[1]

阿濟茲國王想必很滿意這樣的解決方式，因為二十五年後，也就是一九九四年，他又用了相同的手法，將電臺引進沙烏地阿拉伯。為了消除民眾擔心魔鬼對收音機「上下其手」的疑慮，電臺放送的第一則訊息又是《可蘭經》的經文，而且為了進一步籠絡宗教界，還特地選在朝聖季期間開臺。

費瑟國王不讓他父王專美於前，儘管民眾仍有質疑與抗議，沙國仍在一九六五年首度播放電視節目，當然又少不了念誦《可蘭經》的「老哏」。[2]此舉亦創下了《可蘭經》三度將魔鬼逐出高科技的世界紀錄。[3]

借力使力以退為進

我極力主張在談判初期便嘗試控制框架，如果做不到，也要盡快重設新框架，但難免會遇上兩者都行不通的時候。例如：談判中已經存在一個主導大局的框架，一方或多方當事人皆透過某些行之有年的「鏡片」來看待情勢。許多長年無法解決的談判或衝突，各方當事人對於僵持不下的議題與因應方案，早就抱持著某種根深柢固的觀點。這種情況常見於家族事業的談判、種族衝突，或是密切來往的供應商、顧客或合作夥伴之間長期建立的好交情。有時候這種主導的框架，並非由當事人間的特定互動所形成，而是受到文化或其他情境因素（contextual factors）的影響。

像這樣的情勢，恐怕很難在短期內要大家放棄，或改變他們的觀點，也不大可能快速重設框架。就像前述沙國引進電視、收音機、電報的例子，當你試過所有方法，仍舊無法讓對方接受你的想法和提案時，不妨借力使力以退為進（yielding），理解對方的框架或觀點，並把它們吸收過來（co-opt）為己所用。以此案為例，阿濟茲國王洞悉，沙國民眾根本不在意科技的效用，只問它的善惡，他便不再抗拒此框架，而是接受這樣的框架並把它轉為己用。也就是把他想要的結果，「包裝」成符合大多數人對於「善」

的看法。借力使力也是武術上經常討論的一種原則，對於衝著你來的能量或攻擊，不要直接對抗，而應順勢將它導引到別的方向（redirect），反倒能產生巨大的力量。談判時借力使力，同樣意謂著順勢而為，而非投降屈服。你必須清楚掌握（且不帶偏見）對方對於當前情勢的看法，以及他們會用哪些工具評估想法和選項。

雙贏談判

有時候對付根深柢固的觀點，最好的做法是借力使力，理解它、接受它，以及運用它，促使對方接受你的立場。

異中求同消弭歧見

有時候主導觀點不只一個，而是有兩股勢均力敵的觀點爭奪主導權，這多半是因為各方對於討論或評估議題的正確方式各執己見，而且看待問題的方式南轅北轍。遇到這種情況，或許可以藉由「搭橋」（bridging）來解決，找出一個方法，讓其中一方在不喪失優勢的情況下，採用另一方的框架，或是提出一個能讓雙方都安心採用的新框架。

前不久我曾與某私校校長談及，如何處理教師薪資的衝突。過去該校教師的薪資一向是按年資做為敘薪的基準，所以教得愈久薪水就愈高。但現在有一群財力雄厚的捐款人要求校方，改以績效取代年資做為敘薪的基準，而且還提案要求教師的部分薪資，必須由學生的測驗成績、以及校長到班訪視與評分來決定。教師們不願接受新方法，主張按年資敘薪才是正確的做法，因為教學經驗比較多的老師教得比較好，但捐款人也很堅持要改按教學績效敘薪。雖然雙方的主張都言之成理，但也都堅持己見，根本不肯就任何提案的實質細節進行討論，校長該怎麼辦才好呢？

我建議校長向雙方指出，他們對於敘薪的適當基礎，其實看法並無二致。因為當我們仔細檢視時，教師顯然也同意「按績效敘薪」是正確的做法，雙方唯一的歧見在於如何衡量績效。老師們一再指稱，能為學生帶來較多價值的人應領較多的薪水，這聽起來就是按績效敘薪啊！只不過老師們認為「年資」是衡量績效的最佳方法，因為它不會產生偏頗，有別於校長的主觀評鑑。至於捐款人這邊，應該也會認同年資的確是最簡便的衡量方法，而且經驗通常也會使老師教得更好。只不過雙方對於年資與教學績效兩者之間的關連程度，看法不同而已。只要校長能夠讓雙方搞清楚，「按績效敘薪」不僅是一個可以接受的邏輯，而且根本是雙方提出的唯一邏輯（雖然用詞或有不同），或許就能打破僵局，並開始討論實質內容。像是在選擇績效的評量方式時，會涉及哪些取捨，而且大家都願意接受這些取捨嗎？[4] 是否有能夠讓各方都接受的綜合評量方式呢？雖然雙方肯定還是會為了不同評量方式應各占多少比重有番舌戰脣槍，但弄清楚其實大家對於問題的看法已有共識，多少有助於各方當事人跳脫目前的意氣之爭，不再為了初始的原則而僵持不下。

雙贏談判

如果能使 (a) 其中一方不喪失他們提出關鍵需求的能力，從而願意採用另一方提出的框架；或是令 (b) 雙方同意接受一個不偏袒任何一方的新框架，就能「搭橋」連結互不相容的觀點。

以子之矛攻子之盾更增優勢

想要說服某人接受你的觀點，有時候最好的方法就是「以子之矛攻子之盾」，此舉不但更有效率，而且還能使你的主張更有說服力。「即便我們依照你偏好的邏輯來看待問題」，但仍舊能夠顯示你的需求是合情合理的，那麼便肯定再沒有人能夠反對或反駁你了。就像費瑟國王決定改從「宗教」框架來說服臣民，他的立場就會比從「科技」框架著手更為強而有力。同樣地，如果老師們能夠表明他們的立場，其實是想找出評量績效的適當基礎，而非強調年資的合法性，反倒會對捐款人與股東產生更大的影響，而不會被視為自肥或執著於意識型態。

雙贏談判

把對方的框架或觀點引為己用，有可能增加你的談判優勢。

有條件地讓對方掌控談判框架

讓對方掌控談判框架，乍聽之下似乎頗有風險，但有時候卻是正確的策略。幾年前，我們曾與一家全球知名的家用產品公司，洽談一樁複雜的交易。請我擔任顧問的，則是一家成立不過數年、但成長很快的新公司。對方明確表示，協議中必須有一個通知條款：未來數年內，若有任何公司想要併購我的客戶，都必須通知他們，並讓他們也能出價。對方的想法是可以理解的，他們不希望哪天一覺醒來，驚覺已經被某家公司併購，而且那家公司並不打算跟他們繼續維持現在的關係。

但是這個條款，卻有可能令我的客戶未來無法以最優惠的價格出售。譬如說，如果這位合作夥伴打算買下我們公司──還滿可能的──他們會知道我們是否還有別的競標者，以及其他競標者何時提高標價。甚至有可能因為條文的撰寫方式，而使有意者無法提出併購要約。我方修改了對方的提案，對方卻以各種理由退回，如此你來我往幾次之後，我方決定改變做法。我方不再提出任何提案，而是告訴對方，我方願意讓對方草擬通知條款，但必須符合兩項原則：我方保有找出最高出價者，以及取得最高出價的權利。只要符合這兩項合情合理的條件，我們願意接受他們所寫的任何條文，但如果他們無法符合這些條件，那我們會拒絕他們的提案。

現在球落到了對方的場子，而且我方也把要求說清楚了，結果對方不但口氣放軟，而且也提出了新的提案。由於提案並非出自我方，對方自然不再百般阻撓，最終並且提出了一份雙方都能接受的提案，交易也得以繼續進行。當雙方皆有合理的疑慮、使得談判遲遲未見進展時，不妨採取一個簡單的基本原則，**把掌控權交給對方，但明確提出我方要求的條件**。此一簡單的策略具有這些涵意：

- 以同理心看待對方的疑慮，但把他們的焦點引導至找出解決方案，而非繼續鑽牛角尖。
- 讓對方知道你重視、不重視哪些因素，別讓他們浪費時間瞎猜。
- 讓彼此都不必再對己方偏好的想法或做法「死巴著不放」。
- 鼓勵大家發揮創意，提出各種提案，有助於找到解決方案。

雙贏談判
如果你的提案遭到對方拒絕，但是對方的疑慮並非故意找碴或空穴來風，不妨把掌控權交給對方，但先聲明他們必須符合哪些條件。

在我們迄今為止所討論的大多數案例中，焦點都放在理解對方是很重要的。不過為了達成你的目標，牽涉到的當事人可能不止兩造，就像之前與中方談判的案例，必須同時考慮創投金主的想法。至於古巴飛彈危機，執委會不只要理解蘇聯的立場，同時也得考慮古巴的想法。詹姆士·麥迪遜擬定的程序，不僅要讓費城制憲大會產生更棒的結果，而且還要顧慮到後續在其他各州的討論。所以下一章要討論如何對談判的所有相關當事人發揮同理心。經驗老到的談判者，會把所有參與者皆納入考量，以談出有效的談判。

第16章

畫出談判空間——美法的路易斯安那購地案

法國曾與西班牙在西元一八〇〇年簽訂一紙《祕密條約》（*Preliminary and Secret Treaty*），[1]雖然聽過此約的人極少，但其實它在歷史上扮演一個相當重要的角色。因為根據這份條約，西班牙把位在北美的廣大法屬路易斯安那還給法國。那塊土地是法國在「法國與印第安戰爭」（The French and Indian War）戰敗後，於一七六三年割讓給西班牙的。

在法西兩國談判期間，拿破崙的特使曾立下「最神聖的保證」，宣稱如果法國不想擁有路易斯安那領地時，會將它還給西班牙，絕不會將這塊土地轉賣或讓渡給其他任何國家。因此當拿破崙改變心意並決定將它賣給美國時，不僅西班牙人大吃一驚，就連許多法國人都感到意外。美國在一八〇三年以大約一英畝四美分的代價，從法國手中買下路易斯安那領地，美國在買下此地後國土面積倍增，約等於得到了日後十五個州的土地。

西班牙人氣憤不已，並表示：「法國怎可違背信誓旦旦的承諾，將此地轉賣給美國。」並要求美國：「暫停批准（購地）條約。」[2]但此舉反倒促使美國人加速批准購地條約並火速完成交易，以免夜長夢多。當時美國派往法國洽談此事的特使羅伯特·李文斯頓，曾向國務卿詹姆士·麥迪遜回報：「我應該已經向你提過，我強烈相信西班牙當初返還這塊土地給法國時曾附帶一項協議，即法國不可將它轉讓給其他任何國家，這點我已透過可靠管道求證。雖然此事不致影響我們的權利，但為免夜長夢多，還請諸位把握時機盡快通過條約為宜。」[3]

雖然歷史學家曾對法國是否有權出售土地有所爭論，但麥迪遜發現西班牙的主張站不住腳：「當初法國大使的不轉讓承諾，並未載明在把土地歸還法國的祕密條約上。而且即便當初曾有此約定，也不能影響美國的購地，因為美國並不知情，美國從未接獲西班牙通知有這樣的條件存在。」[4]更重要的，美國人確信，西班牙並無意訴諸武力阻止這項交易；反倒是法國人可能反悔售地比較令人擔心，這點從法國趕在最後一分鐘增加條件，企圖拖延成交就可以得證。[5]事實上，拿破崙一直希望法國能保有這片土地，他曾解釋：「我第一次跟西班牙打交道，就打算日後定要把這塊屬地拿回來，證明我非常重視這塊屬地。放棄它令我萬分懊悔，但拚命想要留下它也是愚蠢的。」[6]為什麼拿破崙要放棄路易斯安那領地呢？

只看到各自盤算的購地案

為何西班牙的土地是由法國人賣給美國人呢？長話短說，是因為英國人的關係。當時英法兩國交戰，法國本以為能夠在對抗英國的同時，開始接管路易斯安那領地。可惜事與願違，法國位在西班牙島（現今之海地與多明尼加共和國）的殖民地，發生奴隸抗法暴動；再加上法國船艦遇上惡劣天候被困在歐洲的冰冷海域，使得資源逐漸消耗減少，無力擊退威脅日增的英國。更糟的是如果法國想繼續保有路易斯安那領地，美國可能會與英國結盟共同對抗法國。因為位在路易斯安那領地內的紐奧良，對美國極具有戰略重要性，美國人非常擔心此港落入拿破崙手中。傑佛遜總統曾寫信給羅伯．李文斯頓，信中指出：

> 西班牙把路易斯安那領地與佛羅里達割讓給法國，會對美國造成極大的影響……截至目前為止，在思考所及的國家中，法國與我們的權利衝突最少、共同利益最多。基於這些原因，我們才會把法國視為一個絕不會互生齟齬的友邦；也因此我們把他們國家的成長視同我們自己的成長、彼此休戚與共。但在這世上唯有一個地方，持有這塊領地的

人，將成為我國的天敵與世仇，那就是紐奧良。我國八分之三的產品必須通過紐奧良進入市場；而在它那片沃土上，生養了超過全國半數以上的物產及人口。法國若染指該地，我們便視之為仇敵。西班牙可能默默擁有這塊領地好多年了……否則它不可能落入法國手中……在此情況下，將使法國與美國同陷尷尬立場，再也難以維持彼此長期的友誼。除非他們跟我們一樣盲目，否則怎會沒看到這一點；而我們既已預想到那樣的狀況，若不早做安排，就太不懂未雨綢繆了。一旦法國占有紐奧良……從那一刻起，我們便不得不委身於英國及其艦隊……這並非我們尋求或想要的狀態。但如果法國決意如此，逼得我們不得不出此下策，那麼恐怕就難逃自然法則，「種什麼因，便得什麼果」了……在承平時期，（法國）並不需要（路易斯安那領地），到了打仗的時候，又無法依賴這個地區，因為那裡很容易就會被攔截。我猜想法國政府多少應該已經考慮到這些狀況了……不過法國如果認為路易斯安那是不可或缺之地，那麼他們可能會願意考慮，找出折衝彼此利益的安排；若果真能夠如此，那就是把紐奧良與佛羅里達州轉讓給我們。此舉肯定能大幅消除造成我們之間嫌隙的原因……無論如何，那會使我們不必為了制衡這樣的行動，而急著找其他國家另謀出路……現在所有美國人的目光全都落在路易斯安那這個案子上，這恐怕是從獨立戰爭以來，最令全美感到焦慮不安的事情了。[7]

美國代表團（收到此信函後）便與法國相關人員洽談購地事宜，沒想到拿破崙的代表竟表示，要將整個路易斯安那領地賣給美國。此舉顯然不只是為了阻止美國與英國結盟，因為光是把紐奧良賣給美國，就足以達到這個目的。最令拿破崙擔心的是萬一法國被英國打敗，整個路易斯安那領地將落入英國手中。拿破崙認為與其被英國拿去，還不如賣給美國；如果這能讓美國的國力大增，也會令英國未來更傷腦筋，這樣的安排對法國更有利。拿破崙曾向一名親信解釋：「我不應持有任何在我們手中不安全的東西，此物日後有可能成為法國與美國發生衝突、或是令我們疏遠的原因。所以我該用它來拉攏美國，令他們與英國決裂；除此之外，我還要製造敵人對付英國，因為總有一天英國會報復我們。我決定了，我要把路易斯安那領地交給美國。」[8]

這個突如其來的發展，遠優於美國人的預期和盤算。因此美方特使詹姆士．門羅當機立斷，馬上引用可疑的「憲法權限」，透過一個臨時的程序，火速與法方搞定這項交易。事後門羅致函給國務卿詹姆士．麥迪遜：

我們原本只打算買一部分領地，誰知卻買到了整個領地；但執政官既已決定整個出售，我們亦無法改變他的心意。時機也很碰巧，拜英國的壓力之賜……看來我們應把握這天賜良機，同意法國政府所提的售地規模，並立刻與他們簽下一紙條約。我認為此項交易對我國十分划算……要是聽到那些原本準備大肆抨擊只買一小塊地的人，如今卻倒過頭來攻擊政府及其代理人買得太多，我也毫不意外。但他們這樣大吵大鬧是無濟於事的，只會令他們丟臉。我們買到的面積比他們公開宣稱的還多，是他們想都想不到的；而且價錢更是低廉許多，比他們當初為了買那一小塊地願意付出的價錢還低。[9]

這就是史上最大宗的土地交易，妙的是，買賣雙方是否擁有合法的交易權限，著實令人懷疑。

三方角度思考，看見不同的局面

談判會得到什麼樣的結果，要看你對談判所有相關當事人的角色，考慮得有多周全。大家在談判中常犯的錯誤是只考慮到雙方之間的關係——你與坐在談判桌對面的對方當事人。以前述的購地案為例，美國人只考慮到美、法關係的動態，因此美國人以為法國人不會提供任何東西，或頂多只肯讓出紐奧良；而且即便能夠買到紐奧良，價錢也一定很高，因為拿破崙非常重視該地。

但我們從案例的實際發展可以看到，當事人若能夠從三方角度進行思考，不光是評估彼此之間的關係，還考慮到各自與第三方之間的關係，就可以做出不一樣的談判分析。當我們把英法之間的關係也納入考量時，法國的行為就不那麼意外了，等我們進一步考量英美與美法之間的關係，就更能夠理解法國的行為。

想要分析「四邊」或「五邊」的價值當然也沒問題，反正基本精神是一樣的，只考慮談判桌上當事人之間的直接關係，從而只想像雙方的可能選項，是愚蠢的。談判者若能考慮到第三方的角色，並評估他們對談判當事人的影響，就比較能準確預測對方的行為，並擬定最適當的策略。

雙贏談判

從三方角度進行思考，評估第三方是否會影響或改變當事人的利益、局限及替代方案。

畫出談判空間

當我出席談判策略會議時，首先會請客戶畫出**談判空間圖**。談判空間是由**所有相關人士**組成，並根據以下兩點判斷是否「相關」：(a) 會影響交易的任一當事人，以及 (b) 會因交易受到影響的任一當事人。如果還有其他人可能會影響到交易，那我會考慮是否有必要邀請（或阻止）此人參與談判；如果打算邀請此人，就需要考慮讓他參與的時機以及程度。如果我們的談判會影響到某些人，我也會關注他們，因為他們有可能會採取某些行動，並影響到我們的談判策略與結果。

以路易斯安那購地案為例，談判空間不僅由美國、英國、法國及西班牙組成，而且還包括那些實際做決策的人。企業或國家並不會做決定，做決策的是人，拿破崙並不等於「法國」。本案例的談判空間還包括美國的國會議員，因為他們可以促成或阻止購地案成交；就連海地的奴隸以及壓迫他們的人，也都與購地案有關連，因為抗暴行動的結果出現任何變化，都會影響法國對敗給英國的擔心程度。因此你看待談判空間的視野愈寬廣，就愈能夠準確料中對手可能採取的行動，而且當別處發生相關事件時，你也比較能適時調整策略。反之，你若未能準確畫定及分析談判空間，將無法即時把握機會，也無法看到可能面對的所有障礙，以及可資運用的籌碼。

雙贏談判

畫出談判空間。談判策略必須將可能影響交易或是受到影響的當事人皆納入考量。

ICAP分析

說到了解其他當事人，究竟需要了解什麼呢？我開發出一套簡稱為ICAP的分析架構，它能幫助談判者思考各方當事人的四個重要因素：利益、局限、替代方案以及觀點。因為它們可能引發以下的問題：

- 利益（interests）：其他當事人重視什麼？他們想要什麼？為什麼想要？這些利

益的相對重要性為何？他們為什麼想要進行這項交易？為什麼選擇現在談，而不是上個月或明年？他們擔心什麼？他們想透過這個談判達成哪些目標？他們的利益有可能隨著時間而改變嗎？如果會的話，會如何改變呢？

- 局限（constraints）：哪些事情是他們能做、不能做？哪些議題的彈性較大、較小？哪些議題他們是無能為力的？什麼原因導致他們受到局限？這些局限有可能隨時間而改變嗎？我們能跟對方陣營中限制較少的其他當事人談判嗎？
- 替代方案（alternatives）：交易若破局他們會怎樣？他們的外部選項（outside options）是強還是弱？他們的替代方案是否會隨時間變好或變差？他們的替代方案是如何形成的？
- 觀點（perspectives）：他們如何看待這項交易？他們抱持什麼樣的心態？這項談判可以切入他們交易組合中的哪個部分？他們是否重視這項交易？他們會採取策略思考還是戰術思考？抱持長期觀點還是短期觀點？這項交易在他們的組織裡受到多大的關注？

在談判一開始所做的ICAP分析，以及隨著談判進展所做的即時更新分析，都是相當重要的。你愈清楚所有當事人的**利益**所在，就愈能達成皆大歡喜的交易，並順利化解僵局。搞清楚對方的**局限**也很重要，因為有時候理應得到的讓步，卻因為對方真的在這些方面無能為力而未能如願。要是清楚哪些目標是可以到手的，以及哪種交易結構是可行的，就能如願以償。你愈能夠仔細評估對方的**替代方案**，就愈清楚己方在談判桌上的分量，以及有多少籌碼可以運用。當你愈清楚對方在文化、組織或是心理層面上的**觀點**，就愈能準確預測可能遇到哪種障礙，從而較能夠採取適當步驟，幫忙重新塑造對方的觀點，以利談成有效且成果豐碩的交易。

> **雙贏談判**
> 做好ＩＣＡＰ分析，分析談判空間中所有當事人的利益、局限、替代方案以及觀點。

談判桌外的行動

談判專家詹姆士·薩比尼斯（James Sebenius）與大衛·雷克斯（David Lax）合著的《3D談判術》（*3D Negotiation*）一書中指出，「談判桌外」的戰術也非常重要。一如兩位作者明確闡述的，談判者想透過與對方直接互動進而影響交易，卻往往是力有未逮。這種時候就格外需要思考談判空間裡的其他人，在你的策略中所扮演的角色。就以美國在路易斯安那購地案中的利益為例，美方最重要的談判籌碼，不在於美國向法國開戰的意願，而是在於談判空間之外的所有動態（海地的抗法暴動以及歐洲的惡劣天氣，都使法國懼戰心情大增）。

十九世紀的美國人，從路易斯安那購地案學到的教訓甚至更簡單，等英國人把敵人嚇跑後，我們就可以坐收漁利了。法國人也不必太難過，因為還有另外一個國家，也曾因為談判桌外的動態而蒙受損失。自從俄羅斯在克里米亞戰爭（一八五三～五六）慘遭英、法及鄂圖曼帝國合組的聯軍打敗後，沙皇亞歷山大二世也跟半世紀前的拿破崙一樣，開始擔心日後俄國若又敗給英國，恐怕其對阿拉斯加領地的控制權不保。與其日後讓英國不費分文取得這塊土地，倒不如把地賣給美國人換點銀子比較實在。美俄雙方在一八六七年展開購地的實質談判，當時的美國國務卿威廉・施華德（William Seward）不讓他的前輩專美於前，以區區兩美分換一英畝的代價，為美國買下這一大片國土。[10]

要了解談判桌外的行動會對談判產生什麼樣的影響，有三種評估方式：

靜態評估：第三方的存在，會對所有當事人的利益、局限、替代方案及觀點，產生什麼樣的影響？

動態評估：第三方的影響會隨時間如何改變？換言之，對方的替代方案會變好還是變差？局限會變緊還是變鬆？利益也會變動嗎？

策略評估：我們有可能聯手第三方去影響談判嗎？第三方願意向對方施壓嗎？第三方同意資助交易嗎？與第三方達成交易，能否令談判的權力動態（power dynamics）變得對我方更有利？

有時候我們可以巧妙運用第三方的存在，來達成目的（靜態），有時候我們的成功有賴於準確預測不斷變動的情勢（動態），還有一些情況則是我們必須主動積極地與第三方聯手，以打造成功的條件（策略）。

> **雙贏談判**
> 在你思考分析的時候，不要遺漏了是否有可能運用第三方的力量，去影響談判靜態、動態與策略的態勢。

做好準備才能抓住好運

當年美國的談判代表是否做足了三方思考，並制定了很厲害的策略，我們不得而知，說不定他們只是運氣好。雖然有些人盛讚路易斯安那購地案，是傑佛遜總統對美國的最偉大貢獻，還有些人則是大讚用那麼低的價錢買地真是太厲害了。不過傑佛遜的政敵亞歷山大．漢密爾頓卻認為，低價購地純粹是運氣好，而不是真的很會殺價：

此購地案是在傑佛遜總統任內完成的，且毫無疑問地，會為他的政績增添光彩。只是但凡還有一丁點思考能力且真實不虛的人，都會立刻承認這筆賣賣之所以能成交，純粹是一堆未曾想到和預見的狀況，恰巧同時發生所致，而非美國政府採取了什麼明智或賣力的措施……拜聖多明哥的惡劣天候、以及當地黑人住民勇敢又頑強地反抗法軍之賜，才拖慢了紐奧良淪為法屬殖民地的腳步，並且等到那吉祥的一刻來臨，英法之間的嫌隙使法國臨時改變計畫，並立刻摧毀她對這塊「心頭肉」的所有大計。[11]

漢密爾頓的看法或許不無道理，但這並不表示，機會來臨的時候就一定不會搞砸。有時候事情之所以能夠順利談成，得歸功於你能立刻發現某些因素進入談判空間，並馬上更新談判策略。有時候談判者最重要的工作，就是在後勤、政治及心理上全都做好萬全的準備，這樣當時機到來時才能一舉成交。如果沒料到機會之窗終有一天會打開、而未能及早做好成交的基礎工作，到時恐怕還是會讓機會平白溜走。因此即便在剛開始一切都還不明朗時，談判者也應早早做好談判空間的全面性分析，並評估所有可以用來促進成交的工具，這樣成功的機率就愈高。

> **雙贏談判**
> 不論是商業交易還是外交工作，都必須在心理、組織與政治層面做好萬全準備，才能在好運降臨時順利把握機會。

當談判轉為長期，記得提升地位與選項的價值

當談判空間很大、前方的道路很漫長，而且達成協議之日看似遙遙無期時，談判者通常會覺得，所謂「為機會做好準備」根本只是安慰之詞，其實真正的意思是「等你運氣變好再說吧」。一旦抱持這樣的心態，他們就會採取短期就能建功的戰術，而不會為達成長期目標打造必要的條件。箇中原因不外乎未來不確定，而且有太多因素是你無法掌控的，既然如此，何必浪費時間和精力擬定談判策略。這樣的心態是錯誤的，當達成協議看似遙遙無期，而且你今天所做的一切努力未必保證成功時，你更應該好好思考，如何**提升你的地位與選項的價值**。

想要提升地位，我們必須抓出現行談判能力的弱點，並採取行動逐步解決那些問題。這麼一來，當機會浮現時，我們就會處於更有利的談判位置。舉例來說，我們可能必須加強外部選項、建立聯盟、提高提案的價值、建立信任等。

如果問題在於我們的策略選項有限（例如：通往成功的路徑太少），那我們就應設法提高選項的價值，為了能在未來擁有更多自由，今天就砸下重金採取必要的行動。例如：（政府單位）應該趁談判需求尚未顯現、而且正在積極展開軍事行動「戡亂」的時候，就與恐怖組織建立非正式的祕密溝通管道（back channels），雖然這麼做的代價跟風險都很高，卻能在未來你的盤算改變之前，搶先做好談判的布局。

為了讓大家明白此事的重要性，我們就來參考職籃休士頓火箭隊網羅到明星球員詹姆士・哈登（James Harden）的案例。以職籃來說，一般的交易方式是拿隊上的球員，跟另外一隊交換想要的球員。[12] 但如果隊上沒有對方中意的球員，那麼就必須重複進行數次交易，來提升你的交易地位。想當年火箭隊可是花了長達五年的時間、歷經十四次交易，才終於將哈登「弄到手」。火箭隊的總經理達瑞爾・莫雷（Daryl Morey）費了好一番功夫打造必要的資產，正確的球員與選秀權組合，才得以從奧克拉荷馬雷霆隊把哈登買過來。當雙方終於在二〇一二年開始協商時，火箭隊奉上兩名球員（其中一人是透過交易買來，另外一人則是透過交易換來的選秀球員），外加兩個第一輪選秀權，以及一個第二輪選秀權，這才把哈登這位聯盟最優新秀弄到手。

其實就連負責談判的莫雷本人，也說不準他所做的這些動作，最終會在哪裡結束。簽下哈登只是其中一個可能的終點（endpoint），但為了獲得這個結局所做的前置作業中，卻有可能出現其他的情況和機會。所以火箭隊能買到哈登純粹是運氣好？還是精心策劃的高明布局？都不是，莫雷回想他當初的角色，自認他是費了好一番功夫，才提升了他的談判地位以及選項的價值，使他的成功機率大增：

> 針對每一次交易，我不只要盤算當下所採取的行動，同時也要兼顧未來能獲得最好的結果，務必使情勢盡可能對我方有利。我們在哈登交易中所做的每一個行動，最終目標都是要買下哈登這位超級明星。每一步累積下來，不只提升了我們的交易價值，同時也有了足以交易的球員組合。到最後，我們擁有了能夠幫球隊贏球的球員，包括現在和未來，也有了在不同風險、報酬範圍內的選秀權。我們替球隊的薪資上限留下很大的空間，雖然省下來的這些錢最後並不會成為交易的一部分，但我們還是做了準備……你一旦接受了（那樣的條件），不會知道所有的答案，只能設法使情勢變得對我方有利，結

果它真的為我們招來了（交易到哈登）這等好事。[13]

儘管未來的情勢渾沌不明，而且很多事都是無法掌控的，但這並不表示可以什麼都不做，既不好好擬定策略，也不把眼光放遠。對於久久談不攏的棘手談判，你必須發揮智慧，願意犧牲短期的收穫，甚至還要採取一些看似適得其反的行動，但你今天之所以會出險招，其實是著眼於打造及探求未來的機會。

雙贏談判

當今天絕無可能成交時，就要替未來的機會做好準備，設法提升你的地位與選項的價值。

別急著擁抱致勝策略

如前所述，有些人在遇到複雜且不確定的局勢時，就認為擬定策略是沒用的。另外一些人則會犯下另一種錯誤，未經深思熟慮便倉促擁抱某個不夠高明的策略。即使是在沒有客觀理由支持恣意犧牲策略彈性，或是理應讓多個選項保持開放的情況下，也會發生這種情況。以我的經驗為例，當談判桌上有多個選項（例如：有幾種不同的策略，或是可以從多個交易中擇一進行），而且持續討論卻始終不知道該選哪個才好，這時大家就會想要趕快結束討論。結果會議室裡就出現一個有趣卻又潛藏著危險的轉變，只要其中一個選項凝聚了某種程度的動能，大家就不再認真討論每個選項的優缺點，而會開始過分高估當下最有人氣的那個選項的優點，並對較不受支持的選項，吹毛求疵地指出其「缺點」。心理學家把這種現象稱為「確認偏誤」（confirmation bias），因為大家希望能夠把他們的熱忱與全部的關注，一股腦兒地投注在某個做法上，並且開始執行，因此大家便不再公平或詳盡地逐一評估所有選項。

若再加上組織這項因素，將會使心理偏誤更加嚴重。不同的策略或不同類型的交易，通常需要用上不同的資源，引進不同的人員來負責，並消耗不同類型的社會與政治資本。因此當你在某條路徑上投入很長時間之後，再想轉換其他路徑另謀出路，就變得困難重重。終有一刻，太多的組織力量（organizational momentum）與太多為特定策略投入的資源（strategy-specific investment），全都集中在某一個行動方案上；這時候再想要改變，不論是在心理上、組織上或是政治上，都會非常困難。

在古巴飛彈危機期間，甘迺迪總統便一直堅持，非到萬不得已，絕不放棄任何一個選項，即便採取漸進策略（以檢疫的名義從海上封鎖古巴、建立聯盟以及談判），要比積極強硬策略（軍事打擊）更為明智的看法已經明朗了，甘迺迪總統還是要求，把每個選項都當成是被選中的策略繼續精益求精。其實直到甘迺迪總統在電視上正式向全美民眾宣布，他將打算採取哪個行動方案之前的最後一刻，他都準備了兩份演講稿，以備不時不需，如果在最後一分鐘有新的資訊或分析指出他們選擇了錯誤的策略，就宣讀另外一份講稿。根據數年前解密的文件顯示，要是必須改採不同的策略，那麼他的演說開場白會是這樣：

同胞們，茲以沉重的心情，並履行我的總統職責，我已下令，且現在已由美國空軍執行，只使用傳統武器，移除建造在古巴土地上的一批主要核子武器。[14]

直到那最後一刻，甘迺迪總統都在心理上、組織上與政治上做好了準備，以便在確知有更明智的做法時能立刻改變行動路線。

雙贏談判

避免過早選定某個致勝策略，而應對選項保持開放，並在心理上、組織上與政治上，都做好改變路線的準備。

我們在本章探討了你無力控制的複雜談判環境，並從案例中看到，即便在面對不確定性時，還是有辦法擬定有效的談判策略，你應努力提升談判地位與選項的價值。在比較有把握或是不得不做抉擇之前，不要隨便放棄任何一個可能的選項。如果你能畫出談判空間，並從三方角度進行思考，就連談判桌外發生的事情也不放過，那麼你就比較可能成功化解僵局與平息衝突。

但即便如此，有時候最困難的情況未必是最複雜的，有時候之所以談不成，是因為它很簡單，談判空間已經十分清楚，但沒有任何一個人願意挺身而出扭轉頹勢，或是提供你需要的談判工具。時間到了，你已經來不及布局了，而且更慘的是對方處於掌控局面的優勢，卻不打算手下留情。你的選擇既少又差，而且愈來愈糟。那麼有哪些法寶可以運用嗎？同理心對你有幫助嗎？就讓我們繼續看下去吧。

第 17 章

把對方視為夥伴
而非敵人——
從無辜受害者轉為商業夥伴

不久前，我的一名學生山姆，遇上了一件倒楣的事，害得他差點傾家蕩產。[1] 山姆是個事業有成的商人，一年前，他接到一通電話，對方是全美最大零售商之一，問他想不想賺點外快。原來零售商打算更換某款特殊服飾的供應商，新的供應商是一家亞洲公司，因為零售商從未與亞洲公司合作過，所以找上山姆。山姆與零售商素來合作愉快，山姆雖然也不認得這家亞洲公司，卻很清楚那個地區的情況，所以零售商希望山姆能充當他們與這家亞洲公司的連絡人。由於工作內容除了協調產品的採購與銷售之外並沒有其他事務，而且每一筆交易山姆都能從中抽取一些佣金，如果一切順利，山姆的公司一年能夠穩賺一百萬美元以上，這對山姆來說可不是筆小錢，所以山姆欣然接下這份差事。

可惜好景不長，這段關係才進行幾個月，山姆便收到一封來自一家美國製造商的信函。信中指出，該亞洲公司製造的這款服飾，業已侵害到該公司的專利，這家美國製造商打算控告零售商、該亞洲公司以及山姆。這家公司雖表示願意庭外和解，卻獅子大開口，要求一筆鉅額和解金。由於零售商並沒有相關的法律責任，所以他們完全不打算跟對方協商此事。若從實務層面來看，即便打官司向那家亞洲公司求償恐怕也不容易，結果山姆就成了箭靶。這家美商正是零售巨擘的原始供應商，後來被那家亞洲公司削價競爭搶走生意，所以他們超不爽的，這下正好拿山姆開刀，把所有的帳都算到他頭上。

山姆既不想支付數百萬美元的和解金，也不想鬧上法院，所以他決定去找他的盟友，希望他們願意出錢擺平此事。零售商雖然很同情山姆，也很抱歉害他捲入這件麻煩事，但他們僅願意出庭作證，卻不肯拿錢出來。亞洲公司則主張，他們並未侵犯專利，所以沒道理叫他們付錢；由於他們並不受美國法律管轄，當然可以很輕鬆地這麼說。這下山姆孤立無援，他請律師跟美國製造商接洽，表明此事他完全不知情，但願意拿出幾萬美元跟對方合解。希望這個善意的舉動能讓大事化小小事化無，大家都不必上法院。可惜對方不吃這套，他們還是告上了法院。

經過七個月的訴訟以及花了四十萬美元的訴訟費，法院判美國製造商勝訴，並裁定山姆必須賠償對方近二百萬美元；而他在被告之前取得的佣金，還不到這筆金額的四分之一呢。他現在只有三條路可走，要麼乖乖付錢，要麼上訴，再不然就試著跟對方達成庭外和解。第一個選項所費不貲，至於現在談庭外和解，難度肯定高過之前，因為對方已經勝訴了。律師雖然主張要上訴，但他們心知肚明，翻盤的機會並不高。接下來究竟該怎麼做？你已經在法庭輸過一次了，對方業已勝券在握。你的損失高達數百萬美元，盟友個個不肯伸出援手，對方就像等著吸乾你的吸血鬼，現在該怎麼辦？

為對方尋求更大的價值，把敵人變夥伴

我之所以會知道這件事，是因為山姆有天忽然想到：我的談判老師會給什麼樣的建議？沒多久他就得到答案了：**尋求能創造最大價值的結果**。換言之，分析各方的ＩＣＡＰ——利益、局限、替代方案與觀點，找出什麼樣的做法或結果，能為目前這個狀況創造最大的總體價值？先別擔心你要如何辦到，**只管認真想出什麼是最棒的交易**。於是山姆開始畫出談判空間，並仔細思考對策。

在一開始時，零售商與各方當事人的關係如下：

	關係好壞	產品價格	最佳夥伴
美商	好	貴	是
亞洲商	無	廉	非
山姆	好	無	非

在亞洲公司獲得山姆的協助以低價搶走客戶之後，情況改變了：

	關係好壞
美商	好
亞洲商	無
山姆	好
亞＋山	好

產品價格	貴	廉	無	廉
最佳夥伴	是	非	非	是

但等到亞洲公司侵害美商專利的事情曝光，以及美商控告其他三方當事人後，情況又再度改變，現在美商與零售巨擘之間的關係變差了，亞洲公司的產品也不能在美國銷售。

	美商	亞商	山姆	亞＋山
關係好壞	差	差	讚	不明
產品價格	貴	無	無	無
最佳夥伴	非	非	非	非

山姆開始聚焦於如何創造最大價值。雖然美商有權從山姆身上壓榨和解金，但現在卻有一筆更大的錢不見了，沒人能將產品賣給零售商。訴訟結果固然能為美商弄進數百萬美元，但整個系統損失的金額卻更高昂，因為沒人擁有必要的生財組合，與零售商擁有良好的關係，以及有產品能賣給零售商。不過有個方法可以成功結合這兩項生財工具：美商與山姆成為合作夥伴，此舉行得通嗎？

山姆打電話給美商的執行長，告訴對方他現在正要搭機過來拜訪他。「我有個點子想跟你分享，如果我不能在二十分鐘內說服你，我會立刻搭機回家。」對方同意見他，山姆則開始跟他在零售商的窗口連繫，並說明此一安排；他們同意讓山姆放手一試，並設法與美商談成協議。

山姆向美商執行長分析當前的情勢，並說明他的想法，零售商絕不可能再向一家曾經告過它的廠商進貨，但美商的專利產品真的是個好商品，而且並無替代廠商。山姆與零售商的關係很好，況且這次事件令零售商覺得對山姆過意不去，正好讓山姆得以勝任兩家公司的中間人。目前美商恐怕得做出一些讓步，才能化解與零售商之間的齟齬，不過最終雙方是可以再做生意的。山姆與美商各提出一些數字，經過一番討價還價，達成以下協議：(a)山姆先付對方數萬美元的前金，算是貼補美商的訴訟費用；(b)未來數年山姆將成為美商與零售商之間的獨家中間人，這將為山姆的公司帶來數百萬美元的進帳；(c)山姆還將成為美商在海外銷售的獨家經銷商，這又是另一項價值不斐的戰利。

三方愉快地簽下新的合作協議，山姆也成功扭轉了悲慘的命運。

把敵人當成夥伴，才容易運用同理心

當某人把你告上法院，你會如何看待對方？大多數人會將對方視為敵人，或至少是個找碴的人。這種反應雖可理解，卻潛藏著危險，因為這會影響我們對待對方的態度與作為。若視對方為敵人，我們的態度通常比較不寬容、不抱希望，也較不願意跟對方好好相處，而這樣的傾向有可能令雙方都付出高昂的代價。

在我練習武術的那座道場裡，經常會聽到學員問師父：如果對手比我們高大魁梧該怎麼辦？如果對手像老鷹抓小雞般抓住我們時又該怎麼辦？如果……

每次老師聽到學員用「對手」一詞，形容在道場裡陪我們練武的人時，一定會出言糾正：「他們是夥伴，不是對手。各位一定要記住，在道場裡跟你對打的人，是來幫助你學習的，如果把他們當成對手，你怎麼可能從他們身上學到東西？」而且老師還會進一步提醒我們：「就算是街上攻擊你的人，也是你的夥伴，如果你把對方視為對手，那要如何保持冷靜，或試著以不打鬥的方式化解當下的情勢呢？」

這個道理同樣可以適用於化解談判僵局或是棘手的衝突，山姆的案例便是最好的佐證。只看人的某一面是危險的，如果將對方視為仇敵就更危險了。如果你依據某人之前的行為，把他做了不公平的歸類，搞不好會在情勢改變的時候錯失良機。對山姆而言，那家不知從哪裡冒出來的美商公司，先是成了可怕的敵人，後來卻演變成合作的盟友。亞洲廠商則是在短短數月間，從策略性資產淪為訴訟負擔。解決山姆困境的最大阻礙，是他未能在一開始的時候，看到局勢的變化，以及我們不該隨便替別人貼上標籤。

用標籤形容一個人或許極為便捷（她是我的競爭對手），卻不免有以偏概全或畫地自限之虞。如果你能時時謹記，你面對的並不是你的競爭對手、盟友、敵人或朋友，而是跟你一樣，會有利益、限制、替代方案與觀點（ICAP）的人，才是上上之策。身為談判者的你，分內工作就是搞清楚這些相關因素，並想出適當對策。以我的經驗為例，我發現把每個人都視為夥伴——不論他們的行為是朋友還是敵人——是很有用的，因為這會提醒我要展現同理心，即便是最惡劣的關係也不排除合作的可能性，也不要輕易斷言哪些事情是可能、不可能的。

雙贏談判

不論你們之間的衝突有多嚴重，都應把對方視為夥伴而非敵人，因為我們很難對「敵人」展現同理心或是與之合作。

找出能創造價值的方法

商場上，談判者常把「創造價值」掛在嘴邊。它能提醒我們，設法為每個人爭取更好的交易結果，或至少在不傷及其他人的情況下，替一部分人爭取到更好的交易結果。與其為了如何分配一兩百美元在那裡斤斤計較，倒不如好好談出一個適當的解決方案，讓大家都能因達成交易而獲得更多利益。

這個道理可以適用於所有談判。換言之，可適用於所有的人類互動。不論是談判商業交易還是化解談判僵局，抑或是處理嚴重的衝突，談判者都應該以創造價值為己任。對於相對單純的形勢，談判者很容易就能看出必須創造的價值，例如：NFL或NHL，結束罷工或封館就能創造價值。因為唯有比賽才能（從觀眾、廣告商那裡）替整個系統賺進更多錢，並由大夥分享。雖然為了達成這個目標，你必須解決一些難題，例如：談妥如何分派營收，但至少你已經明確知道該努力的方向。

但若遇上較為複雜的情勢，牽涉到多方當事人、各路人馬的利益並不一致、不確定該採用何種策略，或是無法對目標達成共識，那麼事情有可能會比較棘手。例如：當時並沒有明顯跡象「告訴」山姆該怎麼做才對，應該盡量壓低和解金？找出在法庭上勝訴的方法？訴諸美商的善意？交給律師處理就好？設法向亞洲廠商施壓？

想要在複雜的局勢中，找到正確的目標與做法，你只須集中心力認真思考：**什麼樣的解決方案才能創造最大價值**？鎖定此一原則後，山姆便可集中全力思考，該怎麼做才能讓每個人都受益，也才明白，一開始便將衝突視為零和是很不智的。談判者若能從創造價值的角度來思考，就可以找出更多的可行方案。與告你的人建立商業關係，看似違反常理，但其實不論任何狀況，只要冷靜面對，並試著為所有人創造價值，就能找到適當的解決方案。本案例讓我們再次見識到，當你把對方當事人視為夥伴而非敵人，就更有可能找出能夠創造價值的解決方案。

雙贏談判

先問什麼樣的解決方案能創造最大價值？是否有創造價值的方法？

化不可能為可能

人們之所以未能專注於找出價值，其中一個原因是他們已經認定不可能找到一個不錯的解決方案，所以就沒有去思考一個很棒的解決方案，不過有時候這樣的想法是可以改變的。像我有個在職進修班的學生，在家族企業裡擔任總裁。由於他父親擁有公司九成的股份，所以雖然已經從掌門人的位子正式退下來，卻還是退而不休，對於公司的經營幾乎事事插手。多年來父子兩人衝突不斷，做兒子的眼見情勢日益惡化，決定跟老爸談談未來該如何繼續走下去。由於父親經常推翻兒子所做的決定，並插手根本不清楚來龍去脈的事務，不僅令兒子很難走出父親的陰影，也無法在員工和顧客眼中建立威信。雙方的談話恐怕不會很溫馨，但兒子覺得已經到了忍無可忍的地步，如果老爸再不放手，他打算離開公司。他覺得這肯定會是一次充滿怒氣、怨憎的對談，而且極有可能使父子間的衝突更加惡化。所以他非常忐忑，不確定該如何開始對話，該跟父親討論哪些議題，以及他想要獲得什麼樣的結果。

我得知他的故事與苦惱後，只問他：「有沒有可能，你們父子倆在談過後，比之前更開心？」他愣住了，說他從未想過有這種可能性。我告訴他：「想像有個世界是你們很高興做了這次的交心會談，然後畫個圖給我看看，那會是怎樣的光景。」結果話題變了，他開始聊起他父親是以什麼樣的心情，離開自己用一生心血所打造的事業。他也很後悔父子倆工作之餘很少聚在一起，因為雙方都很怕又會一言不合吵了起來。他不知道父親是否也很期待這樣的交流，雖然他仍舊不確定該怎麼做才是對的，不過他已經比較有信心能夠抱持著開放的心態，跟父親來場能夠創造價值的對話。我不清楚這個故事的結局是怎樣，不過他在進修課程結束前，曾告訴我他很期待與父親見面並且好好聊聊。

遇上堅持立場的人，也可以試著用這招和對方溝通。以商業交易為例，當對方說某件事辦不到，或是他們無法接受我們的要求，我就會跟對方說：「想像有個世界是你能夠說『沒問題』的，然後畫個圖給我看看，那會是怎樣的光景。」此舉有助於雙方**將對話從什麼事情辦不到，轉移至為什麼辦不到**。這是因為在看似無法達成協議時，人們往往會不假思索地表示拒絕，而沒認真思考目前無法接受的事，若換作在某種情況下就能接受了。當然這個方法並非每試必中的萬靈丹。不過有時候，的確能夠引導對方坦白說出心中的疑慮或阻礙，而且這些疑慮或阻礙都是我們可以解決的，只是對方未曾想到罷了。最少最少，這讓我們搞清楚，必須做出什麼樣的改變，未來才有可能跟對方談成交易。

雙贏談判
請對方想像有個世界，原本看似不可能的事，卻真的發生了，然後請他們描述那個世界的模樣。

把對方視為夥伴而非敵人，把焦點放在創造價值，並請對方挑戰他們自認為辦不到的事情，那麼化解僵局與解決嚴重衝突的可能性就會大增。當然除此之外你還需要去除阻礙，掌控正確的談判程序，幫忙對方說服他們陣營的人接受交易。但至少你會對未來的走向、以及必須採取的步驟，更加胸有成竹。

這一章就談到這裡為止，接下來將探討最棘手的處境，彼此間有著極深的敵意、不信任，以及不滿情緒。找出背後究竟是什麼原因，讓彼此的觀點始終南轅北轍無法相容，而且延續好幾代。以及在遇上看似無法化解的衝突時，該如何改變我們的做法與觀點。

第18章

理解與尊重每一方——
從各自表述看見立場與訴求

曾有人說，世界上最古老的地圖，描繪的其實是天體而非地理。即使如此，人類使用地圖的歷史也有數千年之久了。地圖的好處不勝枚舉，不過它最基本的功能，應是幫助我們悠遊於不熟悉的地區。因此地圖猶如讓知識流通的導管，使不具專業背景的人也能因為前人的努力而受惠。現如今地圖更是隨處可見，像是汽車上、手機裡，甚至是人們的腦袋裡，不過地圖卻也會給我們惹麻煩。

就以我親身的經驗為例，我雖然在美國出生，不過五歲的時候曾跟著父母移居印度，直到九歲才搬回美國，所以我在印度念過幾年小學。就跟許多往來於不同國家的人一樣，我在美國重新入學後，在文化、社交及課業上，都遇到不少狀況。當時有個很難歸類的問題，令我困擾了好一段時間，我不懂為什麼在美國都沒有人知道印度的國土「長」什麼樣？不論是掛在牆上的地圖，還是印在教科書裡的地圖，抑或是擺放在教室裡的地球儀，上頭畫的印度地圖，都跟我住在印度時所看到的印度地圖是不一樣的。

理解為何真相有不同的詮釋

那感覺就像一名美國人首次踏上歐洲或亞洲的土地時，赫然發現那裡的每一份美國地圖，都跟他在美國看到的不一樣：不是少了佛羅里達州就是缺了德州或緬因州，可是其他人卻都見怪不怪。我當時的困擾則是不知道為什麼印度北部缺了好大一塊土地，看起來很怪。

最後我終於搞懂了，在印度被稱做賈木─喀什米爾邦（Jammu & Kashmir）的那塊土地，其中有一大部分，是被其他國家視為是有爭議的領土（喀什米爾）。但問題就出在這兒，印度人當然都知道喀什米爾有爭議，只不過在世人眼中，那塊有爭議的土地就是喀什米爾。之後我才明白，與喀什米爾爭議有極大關係的另外一個國家巴基斯坦，他們看到的地圖肯定也跟我看到的截然不同。[1]

我在孩提時代遇到的問題其實並非特例，但儘管時間都過了幾十年，世界也變得更加天涯若比鄰，卻依舊於事無補。《華盛頓月刊》（*Washington Monthly*）曾在二〇一〇年刊登一篇文章，標題為〈抱持不可知論的製圖師〉，報導極受歡迎的 Google Maps 是如何決定世界的樣貌。作者在研究某個技術故障造成 Google Maps 不經意地把一塊有爭議的印度領土阿魯納恰爾邦（Arunachal Pradesh）劃歸中國時，發現了一些有趣的事實：

> Google 在中國的防火牆內，是以一個完全不同的網域 ditu.google.cn 為中國大陸的使用者提供服務。但這並非是只對中共領導人所做的獨家讓步，Google 的地圖工具，為了配合各地的法規要求，所以在全球有三十二個專供某區域使用（region-specific）的不同版本。[2]

Google Maps 在二〇〇五年問世時，曾向世界宣布：「我們認為地圖不只有用，而且還很有趣。」但有的時候，地圖會變得既無用也無趣。這當然已經不只是地圖的問題，地圖的真偽就跟我們從歷史學到的「史實」是一樣的：這些資訊都是經過一一審核的，不過雖然通常並非出於有意或明知故犯，那些原本是善意的個人或機構，卻為了追求私利、保護身分、複製文化之類的原因，在審查時出現了偏見。

凡是跟這些分歧沾上邊的所有人，曾經看過報紙、電視、書籍或聽過演講的任何一個人，都會從他們最初的閱聽記憶，逐漸形成自己對於事實真相的詮釋，而那個詮釋是和經過以偏見審查的結果，完全不一樣且不相容的。

再說到語言吧，古巴飛彈危機因為讓政策制定者、領導者以及談判者學到許多教訓而名留青史。不過該次危機的重要性並不僅止於我們為什麼記得它，也包括我們如何記住它，而這便衍生出一個值得深究的問題，為什麼它會被稱作「古巴飛彈危機」而不是別的名稱？換作「加勒比危機」行嗎？要不叫「十月危機」如何呢？

既然那次衝突與部署在古巴的飛彈有關，定名為「古巴飛彈危機」自然是名正言順。不過其中會不會另有隱情？上述那兩個替換名稱，也不是我隨口胡謅的，各位認為它們是打哪兒來的呢？

其實只要略加思考就會發現，它們是其他國家所使用的名稱，俄國人把這次衝突稱作「加勒比危機」，而古巴則叫它「十月危機」；不同名稱反映出每個當事國對這場衝突的各自表述。在俄羅斯人看來，該次危機與古巴的飛彈沒啥關係，飛彈只是廣義的冷戰衝突中的一個元素，俄國人真正在意的，是美國部署在土耳其的飛彈、越南的衝突，以及柏林的緊張情勢。當時美國與俄羅斯在很多地方都存在危機，這次只是多了一個位在加勒比海地區的危機罷了。至於古巴，它幾乎每個月都會跟美國人爆發一次衝突，這次則是發生在十月，所以把它稱作十月危機，是為了避免跟發生在其他月份的衝突搞混，對他們而言，就是其中一次的衝突。

談判者如果沒能搞清楚各方當事人對於衝突的各自表述，談判的成效將會大打折扣。就像當年甘迺迪總統最終之所以能與蘇聯最高領導人赫魯雪夫達成協議，就是因為搞清楚了，蘇聯在古巴部署飛彈，與美國在土耳其部署飛彈有關。而且並不是只有在衝突發生的當下，以及為了談判所需，我們才需要搞清楚各方當事人的各自表述。涉及爭議的各方，對於過往事件記憶、記錄與傳述的方式，也可能是不一樣的，如果世人能體認到這點，便可以預先採取適當行動，阻止衝突爆發。即便未能防範於未然，但有了這樣的體認，至少能夠讓幾乎事事意見相左的當事人，在談判的時候多些尊重與謙遜。

衝突底下各自的政治正確

當我們終其一生只知道某種真相／真理時，就會認定那些跟自己意見相左的人，是無能、無知或是在幹壞事；又或者還有另外一種可能，那就是對方被洗腦了，而我們又何嘗不是如此。身分與利益都是透過社會建構而成的（socially constructed），這個概念可以幫助我們了解，為什麼兩個國家之間會存在著「血海深仇」，以及為什麼立場迥異的政黨、不同的宗教意識型態、支持／反對墮胎陣營、勞方／資方，甚至是對手企業，往往會鬧到「漢賊不兩立」。因為在上述所有環境中，大家都認為己方的看法才合乎道德，對方的觀點是既可疑又愚蠢。由於各方當事人都以符合自身利益（self-serving）的標準評斷事件的合理性，彼此間的歧見自然難以消除，甚至還可能會擴大。

人與人之間爆發衝突或許在所難免，但不同族群間的衝突，卻總是建構在一個強大的社會基礎上，不但界定了衝突的範圍，還使得衝突持續了一代又一代。不論是哪一方的人民，至少在短期內，都難以克服或擺脫在撫育下一代時，傳遞了這種可能具有煽動性的影響。然而這也是一種我們難以言明的渴望，那些出於文化驕傲，或因為社會廣大認同而獲得的成就感，是激勵我們為社會創造福祉的力量；但弔詭的是，這種正向的力量，搞不好有一部分正是來自於我們恐懼或蔑視他人而產生的負能量。因此解決衝突的可能與必要條件是，承認對方跟我們一樣，都認為己方的觀點是正當的，而且雙方會這麼想也都是基於相同的理由。承認這點並不容易，但如果做不到，雙方就很難好好往來，而衝突卻可能一觸即發。

雙贏談判

我們必須認真了解是哪些根深柢固的力量，令各方當事人合理化其觀點與行為，才有可能化解他們之間的長期衝突（世仇）。

別要對方交出最珍視的聖物

接著就來探討以色列與巴勒斯坦的和平談判吧。雙方的領導人，除了必須拿出勇氣與發揮創意，才能就他們面對的許多問題談出一個解決方案；而且還必須互相遷就對方內心極為珍視的各自表述，這樣和平進程才不會淪為空談。譬如：以色列人大肆慶祝的獨立紀念日（Yom Ha'atzmaut），對巴勒斯坦人而言卻是浩劫日（Naqba）。雙方之所以會做出如此截然不同的表述，是基於他們選擇要如何來看待這項歷史事件，以及他們對於各項議題，例如：哪一方遭受的苦難比較多、這塊土地究竟屬於哪一方、哪些是上帝賜予的權利、哪些議題應該是可以談判等，所抱持的信念南轅北轍所致。

在這樣的情境下，當以色列的總理要求，雙方展開和平談判的前提是巴勒斯坦承認以色列是個「猶太國」，會發生什麼狀況呢？[3]要求別人對他們的神聖信念或權利做出妥協就已經很不容易了，居然在能否開始談判都還不確定之前，就要求對方先讓步，這也未免太強人所難了！即便是尋常的談判，例如：普通的商業爭議或是配偶間的爭執，一方當事人總是覺得對方「比較不講理」，在不保證己方也打算做出重大讓步，或是保證只要做出足夠的讓步，爭議最後便可以解決之前，就貿然要求對方先做出不可撤銷的重大讓步（例如：承認犯錯），對方哪會理你。

如果任一方都不需要做出重大讓步，就能讓衝突順利落幕，是最棒的結局，但並不是每次都能遇上這種好事。即便是必要的，也不應倉促要求對方做出這樣的讓步。不論是武裝衝突、商業爭議，還是家庭爭端，都有可能出現轉機，例如：雙方可望達成永久和解，或是對立太久導致彼此都受到傷害，使得所有當事人同意去做先前認為「無法想像」的事，或是對某些一度被視為無法談判的議題做出讓步。但如果你在談判一開始就先要求對方讓步，恐怕不是好主意，而且還很可能令談判破局。

雙贏談判

了解對方極度重視哪些事情，避免拿它當做往來互動的前提條件。唯有當對方確信衝突可能解決，或是重大目標可望達成，他們才可能改變立場，願意談判之前認為無法談判之事。

歷史是從感覺委屈那一刻開始的

發生在世界各地的長期衝突，當事人不論是哪個種族、信奉哪種教條，都是真心認為己方所提的要求是合法且合乎公平正義的，因此才會在要求遭到拒絕時，認為對方根本不在乎合法與公平正義。但對方會拒絕要求，特別是在我們並未提及如何滿足對方最大的顧慮時，這樣我們就不應該質疑對方的人格或動機。因為問題在於我們眼中所認定的不公不義，或是至高無上的道德標準，或是必須立刻解決的當務之急，主要是受到我們所讀的歷史書影響。

《北愛爾蘭媾和記》（*Great Hatred,Little Room*）一書的作者強納森・鮑爾（Jonathan Powell）以略帶趣味的敘述手法，讓讀者看到了潛藏在北愛爾蘭衝突之下的各自表述。一九九七年十二月，新芬黨（激進好鬥的愛爾蘭共和軍政治夥伴）議員馬丁・麥金尼斯（Martin McGuinness）造訪英國首相官邸，他在走進內閣會議室時對首相布萊爾說：「所以這裡就是造成所有傷害的地方囉。」當時擔任首相幕僚長的鮑爾，以為麥金尼斯指的是愛爾蘭共和軍在一九九一年攻擊英國首相官邸的事，所以便開始聊起該次攻擊所造成的某些損害。麥金尼斯顯然對鮑爾的回應感到困惑，所以他趕緊澄清自己講的並不是六年前愛爾蘭共和軍轟炸英國首相官邸的事，而是指一九二一年，當時的英國首相勞合・喬治與愛爾蘭共和軍領袖麥克・柯林斯，在這間會議室內的協商所造成的損害；愛爾蘭就是從那之後一分為二的。

距離新芬黨上一回受邀進入英國首相官邸已經過了七十多年，但該次事件仍舊深深影響著新芬黨的觀點。鮑爾認為隨時有可能告吹的（北愛爾蘭）和平進程，但最後終究得以成功的最重要因素之一，是雙方能夠以審慎與堅持不懈的態度，努力消弭存在於「我方的短期觀點」與「對方的長期歷史悲憤」之間的鴻溝。

像這樣的歧見在各種類型的談判中隨處可見，管理階層通常比工會代表「健忘」；

在前次談判中較吃虧的那一方，會想要趁這次談判「扳回一城」，而對方則主張應該「理性地往前看」；受雇者對於跟老闆的每一次交手都「點滴在心頭」，而老闆卻多半「貴人多忘事」，就連幾天前的相遇都「過目即忘」。因此所謂的歷史，通常是從我第一次做了正確的事情或是你做了錯事開始的，倒過來的話就不成立了。

雙贏談判

歷史的起始時間因人而異，日曆上標記的，通常是我們贏得勝利與遭到迫害的日子。

別要求人們忘記過去

當你不明白往事會對人們的自我感覺與使命感，留下長期且威力強大的陰影時，就會忽視上述的差異，而期待每個人能夠逐漸接受「現實」，並且凡事都能「向前看」。

一位宗教領袖發現，要求人們忘記過去，並不是一個很有效的談判策略，他曾在一九七三年呼籲北愛爾蘭的民眾，放下使愛爾蘭分裂的過去並迎向未來，不料卻慘遭民眾回嗆：「去它的未來！我們就是要繼續活在過去！」

其實幫助人們搭起一座連結過去與未來的橋梁，才是高招。根據我的談判實戰經驗顯示，與其為了歷史的對錯跟對方脣槍舌劍，倒不如善用我們從過往學到的教訓，幫忙處理現在的狀況。如果某人覺得他們曾經被欺負，而他們學到的「教訓」就是報復做錯事的人，這麼一來的話，就沒有什麼談判的餘地了。有時候我們可以試著說服對方，擁抱截然不同的教訓，要求加害者賠償、道歉、彌補過錯，或是原諒對方，或是攜手合作，以確保未來不再重蹈覆轍。上述每一條路都需要談判，每一條路都需要面對歷史，而不是忽視歷史。祈禱這世界上每個人都忘掉歷史的衝突與錯誤行為，固然不無可能，卻未必應該這麼做。因為在那樣的世界裡或許不會有復仇，卻無法啟發世人努力邁向長治久安的承平盛世，也沒有能力對衝突防患於未然。

雙贏談判

要求人們忘掉過去是無益的，倒不如幫他們找到更能創造價值的方法，善用從過去學到的教訓。

讓我們開始談吧

前不久，我在飛往印度的航班上，填寫海關申報單。上頭照例問了一堆常見的問題，包括：「你是否攜帶下列物品……？」其中一項是違禁品，當我翻到申報單的背面看看有哪些項目時，除了毒品、偽鈔這些常見的違禁品，居然出現一個令我相當意外的項目：「在印度境外被視為不正確的地圖與文獻」。

瞧，這又是一個阻止民眾知曉其他人如何看待這世界的障礙，它同時也斷送了人們更加了解彼此的機會。更糟的是世上絕對不只印度一個國家採取這樣的措施。人們對於衝突最常見的自然反應是害怕，害怕鬧內訌或不團結；害怕被視為軟弱；害怕自己是世上唯一一個決定以禮待人，或是不採取強硬立場的人；害怕遭到剝削。這些恐懼都是情有可原的自然反應，但恐懼不該成為我們判斷是否要跟敵人或對手來往、以及該如何來往的最重要參數，想要降低或解決衝突，就不該帶著恐懼往前走。

甘迺迪總統在一九六一年一月二十日發表的就職演說中，除了向美國過往的對手喊話，也對如何處理看似不可能的談判，提出了他個人的建言：

且讓我們重新開始，雙方都應記住，以禮相待不應被視為示弱，誠意永遠有待驗證（日久見人心）。我們絕不要因為畏懼而談判，也絕不要畏懼談判。

我們已經見識到，人與人之間想要穩當地往來互動，謹慎與勇氣兩者缺一不可。雖然互相往來在短期內不一定能看出成效，但老死不相往來卻幾乎一定會使衝突惡化且持續下去，甘迺迪總統即深明此道理：

凡此種種將不會在我上任後的一百天內完成，不會在一千天內完成，不會在我任期內完成，甚至不會在此生完成。但讓我們開始吧。

雙贏談判

別總是以恐懼回應人際互動問題。

Part 3 重點摘要

- 同理心能替己方提供更多選項。
- 對於看似最不配獲得關注的人，最需要展現同理心。
- 給人留些餘地。別急著報復或升高衝突，因為搞不好是你誤會或冤枉對方。
- 策略彈性與言出必行通常像魚與熊掌般，難以得兼。
- 別魯莽地向對方下最後通牒，搞不好你會逼死自己。
- 千萬別逼敵人為了保住顏面而選擇做傻事。
- 小心別犯了知情者的通病，一旦我們知悉某事之後，就無法同理不知情者的感受。
- 別只顧著準備你的主張，還得讓對方聽得懂才行。
- 別在談判一開始就斷定對方是無能或惡意，而應盡力找出對方這麼做的所有理由。
- 查清楚是心理或結構或戰術上的障礙使談判破局。
- 使出渾身解數：鎖定全部的阻礙；把你能用的工具全都用上。

- 不要理會最後通牒。
- 替對方把最後通牒換個說法。
- 今天談不攏的事或許明天就能談成，設法打造未來能續談的誘因與選項。
- 借力使力是指「順勢而為」，而非「投降屈服」。所以你應理解對方的觀點，並且接受它，從而運用它，使對方接受你的立場。
- 異中求同，消弭歧見。
- 「以子之矛攻子之盾」更增優勢。
- 如有必要，不妨把提案掌控權交給對方，但先聲明他們必須符合哪些條件。
- 從三方角度進行思考。
- 畫出談判空間。
- 仔細分析所有當事人的利益、局限、替代方案以及觀點。
- 在你思考分析的時候，不要遺漏了是否有可能運用第三方的力量，去影響談判的靜態、動態與策略的態勢。
- 在心理、組織與政治層面做好萬全準備，才能在好運降臨時順利把握機會。
- 當今天絕無可能成交時，就要替未來的機會做好準備，設法提升你的地位與選項的價值。

- 別太快選定致勝策略，維持選項的開放，並強化你改變路線的能力。
- 把對方視為夥伴而非敵人。
- 不論衝突有多嚴重，把焦點放在創造價值就對了。
- 「想像這件事能辦成的世界，現在畫出它的模樣。」
- 了解是哪些根深柢固的力量，令各方當事人合理化其觀點與行為。
- 千萬別以對方放棄最重視之事做為往來互動的前提條件。
- 歷史是從我們感覺委屈那一刻開始的。
- 別要求人們忘掉過去，而應鼓勵他們活用教訓，找到創造價值的方法。
- 別一味地以恐懼回應人際互動問題。

結語
談判就是人際互動

通常我們認為不可能辦到的事，其實只是工程學上的問題，並沒有物理學上的法則阻止事情辦成。

日裔美籍理論物理學家　加來道雄

我常提醒那些來修習談判課程的學生，上這門課並不會使世界變得更好，也不會令他們將來需要應付的人變得更善良、更明智、更老練或者更是非分明。我們只能盡力讓各位在學成之後，比較有辦法應付同樣的一批人。為了提高學員的成功機率，所以我們的教學與課程特別著重成效，就算對方學過談判也不用怕。

本書亦是如此，我在書中模擬了大家可能遭遇的最惡劣狀況，對方採取咄咄逼人的動作、談判陷入僵局、衝突日益升高、資訊不夠透明、對方不懷好意、雙方互不信任，以及缺少金錢和權勢解決問題。我希望書中強調的原則，能在各位遇到人生中的各種棘手場面時，提供更多的想法和工具去解決爭議、化解僵局、增進彼此的了解，以及達成更圓滿的協議。

我在書中再三強調，要關心各方當事人對於非實質性議題的關切，也要留意程序問題，並且確實理解所有相關人士的觀點。我以接下來要講述的最後一個故事做為本書的結尾，因為這個故事提醒了我們，惟有面面俱到地關照所有事情，才能談判出圓滿的結果。

得來不易的北愛爾蘭和平

北愛爾蘭的族群暨政治衝突，可以回溯至幾個世紀之前，而二十世紀初期開始爆發的衝突，更是教世人記憶猶新。愛爾蘭在掙脫英國的統治而獨立建國後，卻因為北愛爾蘭選擇脫離愛爾蘭自由邦（Irish Free State，成立於愛爾蘭南部），而形成南北分裂的局面。北愛爾蘭的衝突肇因於不同的政治與宗教路線，主張脫離英國統治的稱為民族派（Nationalists），他們大多是天主教徒、且占人口中的多數，但在北愛爾蘭則以信奉新教，且支持繼續成為英國一部分的聯合派（Unionists）居多。自一九二〇年代至一九六〇年代初期，北愛爾蘭繼續由英國統治，但擁有自己的議會，此一情勢對於在北愛屈居少數的天主教徒極為不利，因為此後他們將遭受全面性的打壓。

一九六〇年代中期，東山再起的愛爾蘭共和軍（IRA）開始以武力反抗英國統治北愛爾蘭，衝突於焉爆發。親英派的準正規軍團體也不甘示弱予以回擊，導致衝突情勢愈演愈烈，光是一九七二年那一年就有將近五百人死亡。截至二十世紀末，死亡人數已逼近三千五百人，受傷者超過十萬人，而北愛爾蘭的全部人口還不到二百萬呢。

和平進程自一九九〇年代中期斷斷續續地展開，一段時間之後情勢逐漸明朗：雖然愛爾蘭共和軍無法上談判桌，但如果不讓新芬黨參與，人盡皆知他們是愛爾蘭共和軍的政治代表，那麼和平恐怕遙遙無期。一九九八年，英國、愛爾蘭共和國以及來自北愛爾蘭的八個政黨（包括新芬黨），共同簽署了歷史性的〈貝爾發斯特協議〉（又稱〈耶穌受難日協議〉）。並據此成立一個權力下放政府，讓衝突雙方可以共同享有政治權力，還設立了許多相互重疊的機構，以跨接愛爾蘭共和國、北愛爾蘭以及英國三方之間的利益。

但問題並未解決，並使得衝突變本加厲。主要原因應歸咎於愛爾蘭共和軍的解除武裝行動時斷時續，聯合派憤而退出以示抗議，造成北愛爾蘭議會數度關閉。英國則想要廢除北愛爾蘭的地方自治，等到事情有進展時再交還自治權。在此同時，雙方恢復暴力相向，幸好情節不像前幾年那麼嚴重。

二〇〇三年十一月，北愛爾蘭民眾對僵局的不滿持續擴大，導致採取中庸溫和路線的政黨不受青睞。取而代之的，是政治立場較為極端的民主統一黨（DUP，由伊恩．沛思理領導）以及新芬黨（由蓋瑞．亞當斯領導）。這種情況不禁令人質疑，如果溫和派都未能就解除武裝與權力分享達成協議，又怎能指望這兩個立場強硬的死對頭呢？當一名記者在一九九七年告訴伊恩．沛思理，蓋瑞．亞當斯有意跟他談判時，沛思理的回答是：「我絕不會跟蓋瑞．亞當斯談判……他願意跟任何人談判，就連魔鬼也行；其實蓋瑞．亞當斯現在就在跟魔鬼談判。」[1]

儘管有這麼多的困難阻礙，但在二〇〇七年三月北愛爾蘭的國會大選之後，這兩位死對頭不但首度碰面，而且還締結了一份權力分享協議。《衛報》對該次事件做了如下的報導：「長期煽風點火的統派大老，與曾經殺死反對者的好戰派領袖所締結的協議，獲得倫敦與都柏林的一致讚揚，稱其為十年和平進程中決定性的一刻。」[2]同年五月，沛思理與新芬黨的馬丁・麥金尼斯分別宣誓就任首席部長與副首席部長，結束了英國對北愛爾蘭的直接統治。

該次會面，以及它所預示的和平，可是歷經了數個世紀才得以促成的。所以為和平奔走的談判者，千萬不可以小看微不足道的爭吵、高人一等的姿態，或是拖到最後一刻才提出的要求，因為它們全都有可能阻撓和平進程。沛思理與亞當斯的「世紀會面」，也是靠著高明的安排才得以達成。強納森・鮑爾在《與恐怖分子談判》（*Talking to Terrorists*）一書中便透露了這段往事：「眼看北愛爾蘭和平進程即將進入尾聲，伊恩・沛思理終於同意與蓋瑞・亞當斯見面，卻在座位安排的問題上卡關，沛思理要求坐在愛爾蘭共和軍的對面，這樣他們看起來才不會像是朋友而是敵人；但亞當斯卻堅持要坐在沛思理的旁邊，好讓他們看起來是平起平坐的同事。」[3]

原來，天底下並不是只有越南的談判者會為了座位的安排而僵持不下。請問你要如何說服當事人，擱置這個看似微不足道的要求？如何在最後期限日益逼近的情況下，說服其中一方好心做出讓步？其實你不一定每次都能成功解決這些事情，因為就是會有人堅持這是「原則問題」，並且頑抗到底絕不退讓。所以當所有其他做法都失敗時，你必須發揮創意，而所謂的創意，就是挑戰你的基本假設。那麼這個難題最後是如何解決的呢？請看鮑爾揭曉的答案：「我們始終想不出解決辦法，幸好有位聰明的北愛爾蘭官員建議，打造一張鑽石型的談判桌，讓談判者坐在頂點（apex），就能同時滿足與對方相對且隔鄰而坐的要求。」[4]

座位問題就是這樣解決的。

發揮創意但不可輕忽大意

以前我對我的小孩才念小學就要上木工課很不以為然，但現在不會這麼想了。因為等你見識到激烈衝突的可怕場面時，你就會很慶幸自己曾經練就十八般武藝。但不論談判者的事前準備有多周全，難免還是會遇到預期之外的狀況，這時就必須隨機應變，發揮創意解決問題。這沒啥好意外的，如果天底下的所有問題都有現成的解決方案，那就不會有解決不了的問題。只要善加運用各種可以借力使力的來源，不只是金錢和權勢，還可藉由框架、程序和同理心的威力，大幅提升我們找到獨特解決方案的能力。

經驗也有助於讓我們懂得，時時保持警惕是很重要的。在面對複雜交易或是延宕多時難以解決的衝突，有時最危險的問題會偽裝成無關緊要的議題。你絕對料想不到，看似那麼簡單的事務，突然就在某個關節點上，威脅或阻撓了一項已經進行好幾個月甚至好幾年的交易。這類你完全沒料到它會發生的問題，會竭盡你解決問題的能力與創意。你必須準備好能夠隨機應變，並運用本書中提及的原則加以解決。但這並不表示，我們必須每件事都小題大作，而是當我們知道各方當事人間還有尚未解決的潛在衝突時，必須更加留意，避免衝突一觸即發。

原則才是王道

常有人詢問我對於某個策略或戰術是好是壞的意見，他們的問法通常像這樣：談判時運用某某策略好嗎？但問題是這世上能夠放諸四海皆準的策略或戰術少之又少，所以我很難隨口給個答案。而是必須進一步追問相關的狀況，並限定其使用的範圍。我們必須「對症下藥」，才能擬定最棒的策略或戰術。用於某個問題十拿九穩的策略，用到另一個差不多的狀況，卻有可能產生災難性的結果。上次失敗的戰術，有可能因為參數改變了，而在這回大顯神威。之所以會這樣，不只是因為要讓某個戰術的智慧「轉化成特定概念」是很困難的，更因為天底下的戰術實在多到數不清。在一場談判中，我們能夠選擇回應對手的方式五花八門，能夠運用的戰術自然也是不計其數。

因此找到最佳談判策略或戰術的關鍵，其實是聚焦於**原則**。原則不僅數量較少，而且可以廣泛應用於眾多情況。本書中提及的許多想法，例如：掌握框架、留意觀眾的看法、幫對方保住顏面、針對談判的程序擬定一套策略、務必先搞定程序再進入議題、續留談判桌、發揮同理心、給對方留些餘地、使出渾身解數、畫出談判空間、促進彼此的理解、創造價值，都是非常好用的原則。最終你必須針對個別狀況自行做出判斷，而上述這些原則，正可以幫助你做出比較穩當的判斷。

如此一來，談判就像其他結合了科學與藝術的領域，例如：舞蹈、音樂與表演。以武術為例，學員必須學習許多技術，以及練習足以應付各種狀況的招式組合。但習武的目的，並不是死記某種情況該如何因應，因為實際上遇到的攻擊，與所學的情況，兩者之間難免會有些許的差異。因此習武的重點在於理解武術的科學與練習技術，進而學會相關的原則（身法、步法、發功、平衡），這樣即使遇上前所未見的情況，也能隨機應變，不被牽制。

談判也是如此，戰術絕不會一成不變。我可能會建議A客戶，除非對方態度軟化同意你的要求，否則不必繼續再談下去。卻建議B客戶，繼續與對方保持往來，努力讓彼此做出讓步。或是建議C學生努力與雇主協商，以爭取更好的工作條件；卻又建議D學生直接接受老闆開出的條件。我可能建議某位外交官或政策制定者，直接向對方發出最後通牒吧！卻告誡某人千萬別逼得對方狗急跳牆。在某個交易中我可能力挺己方陣營偏好的程序，卻在另一個交易中接受對方偏好的談判程序。

如果你在選擇任何一項重要的行動方案之前，都能先考慮過所有原則，當然是最理想的狀態。但實際上，你不妨根據需求，過去你做得不夠好或是半途而廢的事情，或是最有可能幫你解決眼前的問題，從中挑出一些原則來用用看。如果你發現某些原則你一直在用、而且效果很不錯時，就可把它們加入你的工具組中。

談判就是人際互動

本書中提出的原則（展現同理心、忽視或重新定義最後通牒、了解對方的局限、把程序正常化），並不是非要遇上棘手的談判才拿出來用。我們每天都會經歷不計其數的談判，而這些原則不僅可以用來解決例行公事或尋常的談判，就算是看似不可能的談判，照樣可以適用。

我從自己的談判與顧問經驗中發現到，無論談判的背景或籌碼為何，談判其實就只是人際互動而已。只要牢記這點，就能做出最佳表現。因此在與人打交道時，你應該盡量展現君子風度。你應立場堅定但勿淪為剛愎自用（展現同理心）、以自信但不自大的態度學習與臨機應變，並以真心想要了解（各方當事人）的誠意來打動別人。這樣你的表現一定是可圈可點，剩下的就只是見機行事與細節問題而已。

哪怕遇上了再艱難的處境，上述的道理仍舊適用。就像我曾跟我的三個孩子說過，天底下的每個問題都想要被解決。談判也是如此，或許你今天沒辦法解決它，有可能這問題即使到今天還是無法解決，但只要你記住，談判中發生的各種問題，其實（基本上）就只是人際互動的問題而已，你就能更快解決這些問題。因此沒有問題是人解決不了的。我希望本書中介紹的原則，能夠幫助各位在未來得心應手地解決問題。

謹祝各位未來一帆風順，鵬程萬里。

參考書目

前言

1. 據史書記載，世上最早的仲裁是由梅西林王（King Mesilim）主持，目的是為了結束兩個小國拉加許（Lagash）與烏馬（Umma）——皆位於美索不達米亞平原的蘇美爾地區（Sumer，約在現今的伊拉克）——之間的衝突。仲裁後簽訂協議的日期為西元前兩千五百年，距今已四千多年。
2. See Christine Bell, On the Law of Peace: Peace Agreements and the Lex Pacificatoria (Oxford: Oxford University Press, 2008), 81.
3. 書中提到的某些故事，較實際情況稍有濃縮，目的是聚焦於能夠闡明重要談判原則與策略的事件和行動。不過我也盡力不偏不倚地忠實呈現每項因素在最終結果裡所扮演的角色。
4. 簡單的分類系統很難如實反映出實際狀況。偉大的故事能夠產生許多課題，高明的談判者也不會只靠一招闖天下。書中的有些故事會反覆出現在一個以上的場景，我之所以會把故事分配在三個部分，是希望能產生一加一加一大於三的效果。

第1章

1. Peter King, "An Unsung Hero in the League Office," Sports Illustrated, August 1, 2011.
2. 如果我們把NFL的營收大概估算為一百億美元，那麼根據球團老闆提出的算法，在扣除球員應分得全部營收的五八億之後，球團老闆的收入為：58%×([100-20)＝46.4，也就是四六．四億美元。
3. 二〇一五～二〇二〇年度的上限會是四八．五%。
4. 但雙方仍在媒體與法院互相較勁。
5. 假設我們有一百美元可以平分，且不涉及其他利益或議題時，我每拿一元就代表你會少拿一元（反之亦同）。

第2章

1. 為了保護當事人的隱私，我已對此案例中的某些細節稍作更動，不過並不會影響故事的本質與相關的課題。

2. 為了保護當事人的隱私，表格有經過修改。

3. 如果每次你的孩子鼓起勇氣，向你坦承他們做錯某些事情，結果都被你狠狠處罰，那就別怪他們以後再也「知情不報」了。

第3章

1. 本章內容大量取材自作者與埃代醫師（Behfar Ehdaie）共同撰寫的個案——《說服癌症病患接受適當療法》。

2. 「攝護腺特定抗原」（PSA）檢測，是利用抽血檢測PSA的濃度，以判別攝護腺是否有問題。攝護腺有可能因為感染、癌症或腫瘤的干擾而產生異常，從而造成過多PSA釋放到血液中。

3. Roman Gulati, Lurdes Inoue, John Gore, Jeffrey Katcher, and Ruth Etzioni, "Individualized Estimates of Overdiagnosis in Screen-Detected Prostate Cancer," Journal of the National Cancer Institute 106,no. 2(2014)。（p.200）

4. 醫師必須仔細考慮許多因素，才能決定是否應建議病患進行主動監測。

5. 若欲知更多關於醫病溝通的詳情，請洽詢本書作者。
6. James March and Johan Olsen, "The Logic of Appropriateness," in The Oxford Handbook of Public Policy, ed. Robert E. Goodin, Martin Rein, and Michael J. Moran (Oxford: Oxford University Press, 2006)。
7. 兩位作者還提到，在此之前，人們會先思考兩個問題：我是個什麼樣的人？這是個什麼樣的情況？因此此人會根據他／她在當時所扮演的角色或身分（例如：父母、員工或公民），以及狀況的類型（例如：這是個跟倫理道德、經濟有關的決定），而做出不同的選擇。
8. 許多學者耗費數十年的光陰研究這些議題，各位如果有興趣想要了解更多相關資訊，請參考作者與 Max Bazerman 共同撰寫的論文："*Psychological Influence in Negotiation: An Introduction Long Overdue,*" Journal of Management 34, no. 3(2008):509-531。
9. 這個議題在羅伯特．席爾迪尼的大作《影響力：讓人乖乖聽話的說服術》中，有更全面與更詳盡的討論。
10. 埃岱醫生與作者在二〇一四年的私人談話。

11. 同上。
12. 心理學的文獻對此一現象有更精確的描述——「錨定與不充分調整法則」（anchoring and insufficient adjustment）。此概念是指人們雖然察覺到某項分析的起始點（錨），例如：一個初步的估計，或是對方提出的第一個提議，並非正確的答案，只是一個出發點（point of departure）；但即便如此，人們還是會過度高估起始點，而且所做的調整往往是不充分的。
13. 埃岱醫生與作者在二〇一四年的私人談話。

第4章

1. 北韓曾在一九九五年簽署，但在二〇〇三年退出。
2. 關於這些談判的更多背景資訊，請參考：Nicholas Burns, "America's Strategic Opportunity with India: The New U.S.-India Partnership," Foreign Affair, November/December, 2007. And see Jayshree Bajoria and Esther Pan, "The U.S.-India Nuclear Deal," Council on Foreign Relations, November 5, 2010。
3. 其實根據相關法案——授權與印度進行談判的二〇〇六年《海德法案》，以及一九四六年簽署的《原子能法案》與一九五四年修正案的規定，如果印度引爆核子裝置，基本上美國都不可以跟印度在核能發展上繼續合作。

4. Condoleezza Rice, Congressional Record of the United Senate, October 1, 2008。
5. “India Will Abide by Unilateral Moratorium on N-tests: Pranab,”The Times of India, October 3, 2008, http://timesofindia.indiatimes.com/india/India-will-abide-by-unilateral-moratorium-on-N-tests- Pranab/articleshow/3556712.cms.Accessed June 25, 2015
6. 同上

第5章

1. Maggie Farley, “The Big Push for U.N. Council’s Support,” Los Angeles Times, October 12, 2002.
2. See the full text of Resolution 1441 here: http://www.un.org/depts/unmovic/documents/1441.pdf
3. 演講全文請參見以下網站：http://www.un.org/webcast/usa110802.htm.
4. 「寄生蟲式的整合」一詞是由 James Gillespie 與 Max Bazerman 在他們共同發表的論

文中率先提出的，請參見：“Parasitic integration: Win-win agreements containing losers,” Negotiation Journal 13, no.3(1997):271-282.See also 本書作者與 Max Bazerman 合撰的《*Negotiation Genius*》（New York: Bantan Books, 1997）一書。

第6章

1. 美國的國家歷史古蹟超過兩千五百座。大部分位在美國各州、領土（territories）以及聯邦（commonwealths），其餘的少數幾座則位在與美國有「自由聯合關係」（free association relationship）的島國上。
2. 本條約在一七八七年獲得國會通過。
3. 郭通美大使是在二〇一四年接受哈佛大學法學院的高階談判課程頒發「偉大談判者獎」時發表這番言論。當時郭大使正在參與一場小組專題研討，那是頒獎大會的相關活動之一。
4. 以下內容詳見於美國國務院所保存的美國駐摩洛哥大使館歷史文件。參見：”U.S. Morocco Relations-The Beginning,” http://morocco.usembassy.gov/early.html，登入時間為二〇一五年六月二十五日

第7章

1. 邦聯條例直到一七八一年才獲得全部十三州一致通過。
2. 這裡所提到的部分細節可參考Richard Beeman所著的《*Plain, Honest Men: The Making of the American Constitution*》一書（New York: Random House, 2009）
3. 同上註。

第8章

1. 科斯拉（Vinod Khosla）與本書作者在二〇一四年十月的私人對談。
2. 所謂的財務型投資人（financial investor），純粹是以金錢報酬為目的而進行投資，至於策略型投資人（strategic investor），通常除了金錢利益之外，其與標的公司的關係還能帶來額外的利益。
3. 進行這類投資的兩種主要參數是（a）投資的金額以及（b）雙方對於公司的合意估價。綜合參考這兩個數字後，才能決定把多少百分比的所有權轉移給投資金主。以昇陽電腦的個案來看，金主投資的一千萬美元，會在投資後被視為值一億美元，並取得昇陽一〇%的股權。

4. 此一交易的結果堪稱皆大歡喜，因為二十七年後，昇陽電腦在二〇一〇年被甲骨文公司以七十億美元的高價收購。
5. 這種人在談判中的主要或唯一利益，是令交易破局。
6. 科斯拉與本書作者在二〇一四年十月的私人對談。

第9章

1. 在一九九三～九四年間，雙方試著在保證「不罷工、不封館」的情況下，談判新的集體薪資協議。但是當此一做法未能奏效時，球團老闆在接下來的球季一開始便下令封館，從那時候起，一到了要談判新協議時，球團老闆就會下達封館令。
2. The players did not have a labor union for many of those earlier years. The National Hockey League was established in 1917. The Players' Association was formed only in 1967.

第10章

1. There were, of course, many other nations present.

2. Eugene White, "The Costs and Consequences of the Napoleonic Reparations," National Bureau of Economic Research, working paper no. 7438, December 1999. Doi:10.3386/w7438.
3. 歐洲協調的前身是四國同盟，四國同盟是由英國、俄羅斯、奧地利以及普魯士組成，目的是共同維持歐洲的勢力平衡，以及落實維也納會議談成的和平協議。法國在數年後加入歐洲協調，但最後英國卻退出了。
4. 法國的死亡人數在協約國中居冠，但仍比德國少。
5. Margaret MacMillan, Paris 1919: Six Months That Changed the World (New York: Random House, 2002), 465.（p.202）
6. David Fromkin, A Peace to End All Peace: The Fall of the Ottoman Empire and the Creation of the Modern Middle East (Macmillan, 1989).
7. Henry Kissinger, Diplomacy (New York: Simon & Schuster, 1994)

第11章

1. Robert J. Hanyok, "(U) Skunks, Bogies, Silent Hounds, and the Flying Fish: The Gulf of

Tonkin Mystery, 2-4 August 1964,"Crytologic Quarterly http://www.nsa.gov/public_info/_files/gulf_of_tonkin/articles/reli_skunks_bogies.pdf. 2015 年一月 25 日登入。

2. 後續的資料取材自美國國務院歷史文獻辦公室維護的文件，見"Foreign Relations of the United States, 1964-1968, Volume VII, September 1968-January 1969,"http://history.state.gove/historicaldocuments/frus1964-68v07 2015 年六月 25 日登入。

3. 同上註。

4. 同上註。

5. 同上註。

第12章

1. Ben Blatt, "Which Friends on 'Friends' Were the Closest Friends?" *Slate*, May 4, 2014.

2. Bill Carter, "'Friends' Deal Will Pay Each of Its 6 Stars $22 Million," *New York Times*, February 12, 2002.

3. Robert Hackett, "Jerry Made Serious Cash in the Last Season of 'Seinfeld'" *Fortune*, June 1, 2015.

4. Brian Lowry, "'Friends' Cast Returning Amid Contract Dispute," *Los Angeles Times*, August 12, 1996.
5. Lynette Rice, "'Friends' Demand a Raise-TV's Top Sitcom Stars Want Another Huge Pay Hike, Meaning the Future of the Show Is Uncertain," *Entertainment Weekly*, April 21, 2000.
6. Warren Littlefield, "With Friends Like These," *Vanity Fair*, May 2012.
7. Carter, "'Friends' Deal Will Pay."
8. Madan M. Pillutla, Deepak Malhotra, and J. Keith Murnighan, "Attributions of trust and the calculus of reciprocity," *Journal of Experimental Social Psychology* 39(2003): 448-455. Doi:10.1016/S0022-1031 (03)00015-5.
9. Littlefield, "With Friends Like These."

第13章

1. 簡單地說，防禦型飛彈（例如：地對空飛彈）可用來防禦美國的攻擊；攻擊型飛彈（例如：地對地飛彈）則可鎖定美國發動攻擊或是進行報復。

2. 若想對古巴危機做進一步的研究，有許多資料來源可供參考，下面這個網站就是個很好的開始：http://microsites.jfklibrary.org/cmc/

3. *The Cuban Missile Crisis, 1962: A National Security Archive Documents Reader*, 2nd ed., edited by Laurence Chang and Peter Kornbluh (New York: New Press, 1998), from the foreword by Robert McNamara.

4. 說來諷刺，甘迺迪總統在一九六〇年競選總統時曾指出，美蘇兩國之間的「飛彈力量差距」（missile gap）是個重要議題，當時他暗指美國是核武實力較差的一方，而他將使雙方恢復勢均力敵。但其實當時美國的核武實力是遠優於蘇聯的。由此可見，甘迺迪或蘇聯都心知肚明，承認此一事實對雙方都沒好處。

5. 但要將功勞歸給赫魯雪夫願意理解與尊重甘迺迪總統的局限，也是可以的。

6. Robert Kennedy, *Thirteen Days: A Memoir of the Cuban Missile Crisis* (New York: W.W. Norton, 1969), 95.

7. Robert McNamara, supplementary interview, *Dr. Strangelove or: How I Learned to Stop Worrying and Love the Bomb* (1964), 40the anniversary release (Columbia Tristar Home Entertainment, 2004)DVD.

8. Kennedy, *Thirteen Days*, 49.

9. 出處同上，第 43 頁。

第 14 章

1. 為了維護當事人的隱私，這個案例的部分細節經過更動，但不致影響故事的本質，以及該範例所提供的課題。

第 15 章

1. Goran Larson, "The Invisible Caller: Islamic Opinions on the Use of the Telephone," in *Muslims and the New Media Historical and Contemporary Debates* (Farnham: Ashgate, 2011)。

2. "A Chronology: The House of Saud," *Frontline* PBS, http://www.pbs.org/wgbh/pages/frontline/shows/saud/cron/. 於 2015 年 1 月 25 日登入。

3. 可惜這個故事的結尾有點遺憾。雖然費瑟國王把電視成功引進沙國，但仍引發一些抗議和騷動，參與騷動的人士當中還包括國王的外甥卡利德王子，並且不幸在抗議活動中被殺死。卡利德王子的弟弟則在大約十年後刺殺了費瑟國王。

4. 簡單來說，取捨的標準在於不同量尺的信度（reliability）與效度（validity），例如：以年資做為量尺，或許是最容易測得準（信度高）的方法，但不易測出教學績效（效度低）。教師評鑑如果做得好，則可高度反映出教學績效（效度高），但教師評鑑很難做到不偏不倚（信度低）；至於以學生考試成績做為量尺的信度與效度大約介於兩者之間。

第16章

1. 本條約較廣為人知的名稱是《聖伊勒德方索第三條約》（*Third Treaty of San Ildefonso*）.
2. Carlos Martinez de Yrujo, *To James Madison from Carlos Martinez de Yrujo, 27 September 1803*, National Archives: Founders Online, *Madison Papers*, http://founders.archives.gov/documents/Madison/02-05-02-0470. 於 2015 年 1 月 25 日登入。
3. Robert Livingston, *To James Madison from Robert R. Livingston, 11 July 1803*. National Archives ： Founders Online, *Madison Papers*, http://founders.archives.gov/documents/

Madison/02-05-02-0204. 2015 年 6 月 25 日登入。

4. James Madison, *From James Madison to Robert R. Livingston, 6 October 1803*. National Archives ‧‧ Founders Online, *Madison Papers*, http:// founders.archives.gov/documents/ Madison/02-05-02-0504. 2015 年 6 月 25 日登入。

5. Robert Livingston and James Monroe, *To James Madison from Robert R. Livingston and James Monroe, 7 June 1803*. National Archives ‧‧ Founders Online, *Madison Papers*, http:// founders.archives.gov/documents/Madison/02-05-02-0085. 2015 年 6 月 25 日登入。

6. François Barbé-Marbois, The History of Louisiana (Philadelphia: Carey & Lea, 1830), 298-299, http://napoleon.org/en/reading_room/articles/files/louisiana_hicks.asp. 2015 年 6 月 25 日登入。

7. Thomas Jefferson, *From Thomas Jefferson to Robert R. Livingston, 18 April 1802*. National Archives ‧‧ Founders Online, *Jefferson Papers*, http:// founders.archives.gov/documents/ Jefferson /01-37-02-0220. 2015 年 6 月 25 日登入。

8. Adolphe Thiers, Histoire du Consulat, Livre XVI, March 1803, http://napoleon.org/en/ reading_room/articles/files/louisiana_hicks.asp. 2015 年 6 月 25 日登入。

9. James Monroe, *To James Madison from James Monroe, 14 May 1803*. National Archives：Founders Online, *Madison Papers*, http:// founders.archives.gov/documents/ Madison/02-04-02-0717. 2015年6月25日登入。

10. 儘管美國是以十分低廉的價錢買入這塊土地，但許多人仍舊認為這不過是一塊位在遠方的無用土地，誹謗者甚至稱這個購地行為是件「蠢事」。沒想到到了十九世紀，居然在這塊土地上挖出黃金，到了一九六〇年代甚至還發現了石油。

11. Alexander Hamilton, Purchase of Louisiana, 5 July 1803. National Archives：Founders Online, *Madison Papers*, http:// founders.archives.gov/documents/ Hamilton /01-26-02-0001-0101. 2015年6月25日登入。

12. 為大家說明一下這類交易的運作方式：由於NBA對於球隊用金錢交易球員有許多限制，所以你無法開出一張鉅額支票就從別支球隊買下你中意的球員。反之，你必須精心打造一項交易，基本的交易會牽涉到兩支球隊，每一隊各提供一位對方想要的球員，如果你的球隊裡沒有對方想要的球員，方案一是在交易中納入一名**未來球員**：A隊提出一名它未來（選秀）想要網羅的球員，來交換它現在想要網羅的球員。方案二則是在交易中納入一名別隊的球員，A隊想要B隊的一名球員，但卻沒有值錢的東西可以付給B隊，結果A隊發現C隊有一名B隊想要的球員，於是A隊跟C隊進行交易並得到那名球員，然後再用這名球員去跟B隊交換它想要的球員。另外還有結合以上兩方案的第三方案：用別隊的未來球員做交易，例如：A隊與C隊交換C隊的選秀球員，然後再把他納入跟B隊的交易中。如果再加入其他規範，例如：球隊的薪資上限，限制球隊在任一年度內付給球員的薪資總額及奢侈稅，情況就會變得更加複雜。

13. 莫雷與本書作者在二〇一五年的私人對談。
14. Joshua Keating, "The Greatest Doomsday Speeches Never Made," *Foreign Policy*, August 1, 2013.

第17章

1. 為了維護當事人的隱私，這個案例的部分細節經過更動，但不致影響故事的本質，以及該案例所提供的課題。

第18章

1. 喀什米爾人民對於此一情勢也有各種不同的看法。
2. John Gravois, "The Agnostic Cartographer: How Google's Open-ended Maps Are Embroiling the Company in Some of the World's Touchiest Geopolitical Disputes," *Washington Monthly*, July-August, 2010.
3. 巴勒斯坦解放組織在一九九三年承認以色列國，至於要求承認以色列是個「猶太人國家」則是個相對較新的概念，大概是在二〇〇七年的外交接觸時首次出現。

結語

1. Robert Fish, "Heaven, Hell and Irish Politics," *The Independent*, February 13, 1997.
2. Owen Bowcott, "Northern Ireland's Arch-enemies Declare Peace," *The Guardian*, March 26, 2007.
3. Jonathan Powell, Talking to Terrorists: How to End Armed Conflicts(London: Bodley Head, 2014), 217.
4. 同上註。

國家圖書館出版品預行編目 (CIP) 資料

雙贏談判：哈佛商學院最受歡迎的談判權威，教你向歷史學談判，化不可能為可能！/ 狄帕克．馬侯特拉 (Deepak Malhotra) 著；閻蕙群譯. -- 臺北市：三采文化，2017.10
368 面；14.8 × 21 公分. -- (Trend；45)
譯自：Negotiating the impossible : how to break deadlocks and resolve ugly conflicts (without money or muscle)
ISBN 978-986-342-896-1 (平裝)

1. 商業談判 2. 談判策略

490.17 106014980

suncolor 三采文化集團

Trend 45

雙贏談判：
哈佛商學院最受歡迎的談判權威，教你向歷史學談判，化不可能為可能！

作者｜狄帕克．馬侯特拉（Deepak Malhotra） 譯者｜閻蕙群 審定｜陳蕙蘭
責編｜朱紫綾 美術主編｜藍秀婷 封面設計｜李蕙雲
行銷經理｜張育珊 行銷企劃｜呂佳玲 版權負責｜杜曉涵
校對｜張秀雲 內頁排版｜健呈電腦排版股份有限公司

發行人｜張輝明 總編輯｜曾雅青 發行所｜三采文化股份有限公司
地址｜臺北市內湖區瑞光路 513 巷 33 號 8 樓
傳訊｜TEL:8797-1234 FAX:8797-1688 網址｜www.suncolor.com.tw
郵政劃撥｜帳號：14319060 戶名：三采文化股份有限公司
初版發行｜2017 年 9 月 29 日 定價｜NT$360
2 刷｜2018 年 3 月 20 日